AF312587

MÉMOIRE

SUR LA

FORMATION DES FEUILLES,

Par M. A. TRÉCUL.

Présenté à l'Académie des sciences le 2 mai 1853.

Mes études sur les racines, les tiges et les bourgeons, m'ayant conduit à celle des feuilles, j'ai entrepris sur leur formation une longue série d'observations, et c'est le résultat de ces recherches que je viens soumettre au jugement de l'Académie ; mais, avant de l'exposer, j'indiquerai les principales opinions qui ont été formulées sur le développement de ces organes.

Pyr. De Candolle a émis l'idée que les feuilles se forment de haut en bas. M. Steinheil a développé cette idée ; mais il a admis que les feuilles composées faisaient exception à cette loi. M. Mercklin a nié ces exceptions ; il a prétendu que les folioles supérieures naissent toujours les premières, et que l'apparition de ces organes se fait de haut en bas ; que les stipules, quand il en existe, se forment non seulement après les folioles inférieures, mais encore après la partie supérieure du pétiole. M. Adrien de Jussieu a reconnu, par l'examen des feuilles des *Guarea*, que les feuilles composées pourraient bien se former de bas en haut (1). Nous verrons que beaucoup de feuilles composées se développent autrement.

Au reste, je vais citer les passages les plus importants des ouvrages qui ont été publiés sur cette question intéressante.

Pyr. De Candolle, dans son *Organographie*, t. 1ᵉʳ, p. 354, s'exprime ainsi : « Les pétioles formés de fibres parallèles, et qui

______
(1) *Cours élémentaire de Botanique.*

» ont l'apparence foliacée, comme sont ceux des Monocotylé-
» dones, et en particulier les organes foliacés, qu'on appelle,
» pour abréger, les feuilles des Jacinthes et autres plantes bul-
» beuses, s'allongent d'après un système qui leur est propre,
» savoir : que leur sommité est la première partie qui se montre,
» et elles s'élèvent en sortant de la bulbe, comme si elles étaient
» poussées par en bas.... En serait-il de même des pétioles ordi-
» naires et des nervures, qui ne sont que les divisions des pé-
» tioles ? C'est ce que je suis porté à croire, mais ce que je ne puis
» affirmer encore, faute d'expériences assez concluantes. »

En 1840 (*Ann. sc. nat.*, 2ᵉ série, t. XIII, p. 223), M. Hugo
Mohl a émis la même opinion sur le développement de la feuille
de l'*Hyacinthus orientalis* :

« J'ai choisi ces feuilles, dit-il dans son *Mémoire sur la for-
» mation des stomates*, non seulement parce que leurs stomates
» offrent une grandeur assez considérable, mais surtout parce que
» ces feuilles, *par leur accroissement du haut vers le bas*, offrent
» la facilité d'observer, sur la même feuille, toute la série des faits
» que les stomates présentent dans leur développement. En effet,
» ces organes sont déjà parfaitement développés *à la partie supé-
» rieure et la plus âgée de la feuille*, *tandis que*, *dans la partie
» inférieure récemment formée*, et renfermée encore dans la bulbe,
» ils n'existent pas encore. »

Mais avant que M. Mohl écrivît ce qui précède, M. Ad. Steinheil avait développé et généralisé l'idée émise, avec doute, par
De Candolle, en ce qui concerne les pétioles et les nervures.
En 1837, il publia, dans le numéro de novembre des *Annales des
sciences naturelles*, 2ᵉ série, t. VIII, un mémoire intitulé : *Observations sur le mode d'accroissement des feuilles*. L'auteur avait
pour but dans ce travail de démontrer (*loc. cit.*, p. 258) que « le
» végétal est un être articulé s'accroissant de dedans en dehors
» par dédoublement, c'est-à-dire *par la production de nouveaux
» individus qui s'accroissent de haut en bas*. »

La première partie du travail de M. Steinheil renferme une
proposition trop importante pour que je ne m'y arrête pas ; elle
est, en effet, la base de tout le système de l'accroissement de haut

en bas des feuilles adopté aujourd'hui par la plupart des botanistes.

Il dit, page 266, que « la feuille diffère du scion, parce que
» son accroissement est terminé; qu'il n'a lieu qu'en longueur et
» pas en épaisseur, mais surtout parce que la formation de son
» système vasculaire est presque simultanée, au lieu d'être succes-
» sive, comme cela se voit dans la plupart des scions. On trouve
» cependant des indices un peu vagues sans doute, mais qui font
» *présumer que le faisceau central est plus jeune que ceux des
» côtés*; car s'il en est ainsi, il doit en résulter qu'il s'allongera
» un peu plus qu'eux et plus longtemps. »

Dans le cours de mon mémoire, je démontrerai que ces faisceaux du centre, loin d'être nés les derniers, ont au contraire
commencé les premiers. Ce qui a induit en erreur les botanistes
qui ont admis cette opinion, c'est que ces faisceaux de l'axe de
la feuille s'accroissent principalement par la base dans un grand
nombre de cas; et cependant il n'est pas vrai que la partie la plus infime soit toujours la plus jeune. La description
des faits démontrera la vérité de cette assertion; elle fera voir
aussi que l'on a souvent confondu la *formation* avec l'accroissement.

Toutes les observations que M. Steinheil a faites, pour prou-
ver que « l'accroissement en longueur des feuilles a lieu de haut
en bas, » sont parfaitement exactes; mais toutes ses déductions
ne sont pas rigoureuses, parce qu'il s'est contenté d'étudier
l'accroissement des feuilles sans avoir égard à leur formation.
Les mesures qu'il a prises sont à l'abri de toute objection, et il est
bien vrai que l'accroissement est plus considérable en bas qu'en
haut dans les exemples qu'il cite; mais il n'est pas aussi exact de
reconnaître que le sommet de la feuille soit la première partie
formée. En décrivant plus loin la formation des feuilles dans quelques uns des genres qu'il a observés, nous aurons l'occasion de
revenir sur cette question.

Si l'auteur a admis qu'en général les feuilles se développent de
haut en bas, il a reconnu aussi des exceptions à cette loi; car il
dit, par exemple, à la page 288 : « Dans les feuilles composées,

» nous remarquerons que les folioles les plus élevées sont les
» plus jeunes. »

Cela est vrai pour une certaine classe de feuilles composées;
mais il en est beaucoup qui présentent un mode de formation
inverse de celui-ci.

M. Steinheil avait aussi une théorie sur la formation des lobes
et des folioles d'une feuille :

« Si les ramifications latérales d'une feuille (dit-il à la
» page 294), à l'élongation desquelles on doit l'accroissement
» en largeur du limbe, s'allongent longtemps par la base, et
» qu'en même temps elles soient écartées, il est évident que sur
» les points qu'elles traversent l'extension sera plus grande que
» dans les intervalles, et la feuille sera lobée, parce que la ner-
» vure médiane restant immobile, le refoulement aura lieu sur
» le bord. La formation des lobes nous paraît donc être le ré-
» sultat de l'accroissement spécial que prend chaque nervure de
» la feuille. »

Voilà pour la formation des lobes; voici pour celle des folioles :
« Tant que cet accroissement est subalternisé à celui de la ner-
» vure médiane, la feuille reste simple, quelle que soit la profon-
» deur des divisions ; et je dis qu'il est subalternisé au développe-
» ment de la nervure médiane quand il suit le même ordre qu'elle,
» c'est-à-dire qu'il marche de haut en bas, en sens contraire de
» l'ordre de formation, parce qu'alors l'élongation des nervures
» latérales ne devient complète que quand celle de la nervure
» médiane est en quelque sorte terminée.....

» Si, au contraire, le dédoublement a été assez complet pour
» que, antérieurement à l'époque de l'élongation, chaque nervure
» ait acquis la valeur d'une feuille, l'ordre de développement sui-
» vra celui de la formation, et la feuille sera composée ; son axe
» principal se comportera comme un rameau. »

Telle est la théorie de M. Steinheil sur l'accroissement des
feuilles. Son mémoire renferme un grand nombre d'excellentes
observations; mais ayant négligé l'étude de la *formation*, de l'*or-
ganogénie* de la feuille, il ne lui a pas toujours été permis de
découvrir la vérité.

A l'égard de la production des lobes ou des découpures des feuilles, voici ce que pensait M. De Candolle (1) :

« ...... Ainsi une nourriture fort aqueuse et peu fournie de
» principes nourriciers fait allonger les fibres sans que le paren-
» chyme se développe suffisamment, comme on le voit dans plu-
» sieurs plantes aquatiques, et notamment dans le *Ranunculus*
» *aquatilis*. Une nourriture peu abondante rend les feuilles plus
» découpées, et un aliment très substantiel donne au parenchyme
» assez de développement pour combler les intervalles des lobes ;
» ainsi, la plupart des plantes à feuilles découpées tendent à avoir
» les feuilles plus entières dans les lieux gras ou dans les
» jardins. »

M. Auguste de Saint-Hilaire (*Morphologie végétale*, p. 158 et 159) pense, au contraire, que « la division dans les parties des » végétaux est généralement un symptôme d'énergie vitale. » Voici sur quoi il appuie son opinion :

« Parmi les phanérogames, dit-il, les monocotylédones sont les
» plantes le moins richement organisées, et jamais elles n'ont de
» feuilles composées. Les végétaux dicotylédons qui, dans le
» milieu de leur tige, lorsqu'ils sont pleins de vigueur, produisent
» des feuilles très découpées, n'en produisaient que de simples
» ou de presque simples à leur naissance lorsqu'ils étaient encore
» débiles, et ce sont des feuilles simples ou presque simples que,
» par épuisement, ils émettent encore dans le voisinage de la
» fleur. Une foule de plantes, qui, dans un terrain convenable,
» ont des feuilles découpées, n'en donnent plus que d'entières,
» quand elles lèvent dans un sol peu fertile, sur les murs ou sur
» le bord des chemins. Enfin, par la culture, on fait naître des
» feuilles ou des folioles laciniées chez des arbres qui, tels que le
» Hêtre et le Sureau, en ont ordinairement d'entières. »

En 1839, M. Adrien de Jussieu, dans son *Mémoire sur les embryons monocotylédonés* (*Ann. des sc. nat.*, 2ᵉ série, t. XI), a été conduit à parler du développement des feuilles, en décrivant celui des cotylédons qui ne sont que les premières feuilles de la plante.

(1) *Organographie*, t. I, p. 303.

Voici quelques unes de ses remarques :

Page 251 du volume cité, il dit : « Dans le bourgeon dont la nourriture est assurée par sa communication directe avec le rameau duquel il émane, la première feuille, et même plusieurs feuilles, sont purement protectrices. Aussi *sont-elles bornées à la gaîne* de consistance écailleuse, avec un limbe tout à fait rudimentaire ou nul.... »

« .... Dans les embryons des *Dracæna*...., où les premières feuilles de la gemmule *ne développent que leur gaîne écailleuse.* »

Page 258. « Ceux (les bulbilles) du *Lilium bulbiferum* présentent une série d'écailles épaisses et charnues qui s'embrassent en s'opposant. Si on les fait germer, les plus extérieures persistent à l'état d'écailles, *mais les plus intérieures développent de leur sommet un long limbe foliaire.* Ces écailles sont donc des feuilles réduites à leur gaîne. »

Page 260. « .... d'autant plus que souvent alors le cotylédon véritable est imparfait, et réduit à l'état de gaîne. »

Si, dans un grand nombre de cas, comme on le voit par les passages que je viens de citer, la gaîne peut exister seule, il me paraît évident qu'elle doit se développer la première ; car, si le limbe était la partie de la feuille toujours formée la première, on ne concevrait pas qu'il pût manquer. Dans les feuilles de certains *Scirpus* et de beaucoup d'autres plantes, il n'existe souvent aussi que la gaîne ; dans le *Scirpus palustris*, elles sont toujours dépourvues du limbe : la gaîne seule subsiste.

Malgré ses excellentes études, M. Adrien de Jussieu, séduit par une autre observation qu'il fit sur le *Sparganium ramosum*, a été entraîné à penser que le limbe est la première partie de la feuille qui soit apparente.

Je rapporterai encore cette observation ; elle me dispensera de revenir plus tard sur la plante qui en est l'objet :

« Prenons (dit-il à la page 251) pour exemple le bourgeon du *Sparganium ramosum*. Enlevons les trois premières feuilles réduites à leur gaîne, et considérons la quatrième. Le limbe plan n'y est encore que pour un cinquième ; les autres quatre cinquièmes sont occupés par la gaîne, dont les bords repliés vien-

nent se recouvrir un peu au delà de la ligne moyenne, et cachent
entièrement la feuille suivante. Dans celle-ci, le limbe forme les
deux tiers supérieurs ; les bords de la gaîne ne se recouvrent
qu'en bas , et ils sont dépassés un peu par la sixième feuille , où
un cinquième inférieur seulement est occupé par la gaîne , dont
les replis antérieurs ne s'atteignent plus réciproquement. Ils sont
réduits à deux lobes de plus en plus petits dans les septième ,
huitième et neuvième feuilles , trop petites elles-mêmes pour que
leurs parties puissent être mesurées avec exactitude. Enfin, les
dixième et onzième ne sont plus que deux petites lames planes
opposées l'une à l'autre. »

J'ai vérifié ces faits, ils sont rigoureusement exacts ; seulement je n'ai pu apercevoir ces deux petites lames simplement
opposées l'une à l'autre. Quelque petites que fussent ces feuilles,
je les ai toujours vues embrasser en partie par leur base la
feuille plus jeune, comme une véritable gaîne.

Cette partie inférieure est-elle constituée par un limbe, comme
le pensait M. Adrien de Jussieu , ou bien l'est-elle par une gaîne ?
Je suis disposé à croire que c'est une gaîne. Toutes les observations que j'ai faites m'engagent à penser ainsi. Dans un grand
nombre de plantes , c'est évidemment la gaîne ou la base de la
feuille qui naît la première (pl. 20, fig. 2, 3, 4, 21, et pl. 24 ,
fig. 115, 116, 145, 146, etc.).

Il est vrai qu'ordinairement cette partie de la feuille reste
excessivement petite pendant quelque temps, ainsi qu'on peut le
voir par les figures 132, 133, 139, 142, 143, etc. , planche 24.
Ce n'est qu'après que le limbe et le pétiole ont acquis quelquefois une grande dimension , qu'elle commence à s'allonger. On
en concevra parfaitement la raison. Toutes les parties de la
feuille sont ébauchées dans le bourgeon ; elles n'ont plus ensuite
qu'à s'accroître. Ce sont les premières arrivées au contact de
l'air et de la lumière qui s'étendent d'abord ; c'est par conséquent
le limbe ; aussi, dans le *Chamærops humilis*, le *Chamædorea Martiana*, etc., dont les feuilles ont plusieurs décimètres , et elles
atteignent même plusieurs mètres de longueur dans d'autres Pal
miers, le limbe est dur, coriace, et contient des parties ligneuses ;

tandis que la gaîne, la base du pétiole, qui s'accroissent les dernières, sont composées des tissus les plus délicats. Cette délicatesse est telle, que le pétiole se briserait s'il n'était pas soutenu par les gaînes des feuilles plus âgées dont il est enveloppé.

Parce que cette feuille si grande, si consistante, s'accroît encore par la base, au contraire si délicate de son pétiole, en résulte-t-il que la gaîne n'existe pas? Évidemment non ; car on la trouve dans une feuille qui n'a qu'un quart de millimètre, avant que le limbe soit apparent ; mais quand celui-ci est formé, quand il a déjà, ainsi que le pétiole, une certaine longueur, la gaîne est encore fort courte, et elle reste dans cet état pendant une grande partie de l'allongement du pétiole. C'est au-dessus d'elle que s'opère la multiplication utriculaire qui détermine l'élongation de cet organe (nous verrons plus loin que cette propriété n'appartient qu'à une certaine classe de feuilles).

On voit donc par ces exemples que, lors même que la feuille, que son pétiole, s'accroissent par la partie inférieure, la gaîne existe néanmoins déjà. En est-il de même dans le *Sparganium ramosum?* Je le crois, parce que j'ai vu la base d'une feuille, qui n'avait qu'un sixième de millimètre, embrasser en partie la feuille plus jeune qu'elle. Ce qui cause l'incertitude des botanistes, c'est la non-continuité de la gaîne tout autour de la tige. Quand la gaîne est parfaite, qu'elle n'est pas fendue longitudinalement, une telle indécision ne peut subsister (telle est la structure de celle des *Carex*, du *Carex riparia*, par exemple, etc.). Quand, au contraire, la gaîne est fendue dans toute sa longueur, le problème est moins aisé à résoudre ; il devient difficile de déterminer, dans quelques monocotylédones, ce qui est limbe et ce qui est gaîne. L'analogie peut servir de guide dans de telles circonstances ; mais je n'ai pas l'habitude de décider les questions par l'analogie ; je sais trop combien elle est sujette à induire en erreur dans les sciences d'observation ; c'est pourquoi, en indiquant mon opinion sur les quelques plantes qui peuvent donner matière à discussion, je laisse au lecteur, qui voudra bien examiner les faits, le soin de juger quelle est la manière de voir la plus rationnelle.

M. Naudin a publié aussi, dans les *Annales des sciences natu-*

relles, 2ᵉ série, 1842, t. XVIII, p. 560, une note qui a pour titre : *Résumé de quelques observations sur le développement des organes appendiculaires :*

« ...... Et je me suis convaincu, dit-il, que les feuilles se for-
» ment par une sorte de repli ou de pincement du tissu de l'axe
» rudimentaire, dont elles ne diffèrent alors ni par la couleur, ni
» par la consistance.

» Qu'une fois ce premier repli commencé, l'organe appendi-
» culaire émane de l'axe, comme s'il y existait tout formé
» d'avance, et qu'une force intérieure le poussât au dehors, en
» sorte que son apparition se fait du sommet vers la base où a
» toujours lieu le principal accroissement. Il y a donc cette diffé-
» rence capitale entre le développement des axes et celui des
» appendices, que, chez les premiers, ce développement se fait
» aussi bien à l'extrémité que dans les entre-nœuds ; tandis que,
» chez les seconds, les parties déjà sorties de l'axe ne prennent
» qu'un accroissement proportionnellement faible, comparé à
» celui qui a lieu vers la base de l'organe, et que son extrémité,
» surtout, demeure stationnaire. »

Enfin un autre travail a été fait plus récemment sur la même question ; c'est celui de M. Mercklin. Publié, à Iéna en 1846, sous le titre de *Entwicklungsgeschicte der Blattgestalten*, une traduction abrégée en a été donnée dans les *Annales des sciences naturelles*, 3ᵉ série, t. VI, 1846.

Je citerai quelques uns des principaux points de ce mémoire en faisant quelques objections, quand les observations de l'auteur ne seront pas d'accord avec les miennes.

(*Ann. sc. nat., loc. cit.*, p. 247.) « Cette sorte de feuille (la feuille simple et entière) appartient principalement aux Monocotylédones. On peut y distinguer la lame, la ligule, le pétiole et la gaîne..... Lorsque la feuille offre ces quatre parties, le sommet et la lame se forment d'abord, puis paraît la gaîne et enfin le pétiole. »

Mes observations ne confirment pas cette assertion ; elles m'ont démontré que la partie inférieure, ou la gaîne, naît la première, et que le limbe la surmonte bientôt. Quelque jeune que soit une feuille de Carex, on remarque toujours cette gaine qui est extrêmement réduite pendant le développement du limbe, mais qui existe, ainsi que nous le verrons plus tard. Ce n'est qu'après que le limbe a pris un accroissement quelquefois considérable qu'elle s'allonge à son tour ; c'est pourquoi il faut souvent un examen très attentif pour la découvrir dans le premier âge.

Dans l'*Iris germanica*, etc., ce n'est évidemment pas la partie supérieure du limbe qui se montre la première ; c'est un bourrelet circulaire à peu près également élevé de tous les côtés, mais qui se renfle bientôt sur un point latéral pour former la partie supérieure de la feuille.

Il est inutile de multiplier les exemples ; nous verrons par la suite que, dans toutes les feuilles des plantes soit monocotylédonées, soit dicotylédonées, simples ou composées, qui sont munies d'une gaine, c'est toujours cette gaine qui naît la première.

Page 218. « La marche du développement est absolument la même dans les Dicotylédonés, excepté pour ce qui concerne la lame. Dans les Monocotylédonés, la lame se montre dès l'origine comme une expansion plane qui s'enroule ensuite ; dans les Dicotylédones, la lame paraît, en général, sous la forme d'un *pétiole* charnu, continu avec l'axe. »

Dans les Dicotylédonés, cette sorte de pétiole charnu n'est point la lame, mais l'axe, le rachis de la feuille, sa nervure médiane.

Dans le *Rumex Steudelii*, cet axe, ou nervure médiane de la feuille, est fort épais (pl. 25, fig. 167, *r*) ; tandis que le limbe, qui naît sur ses côtés, est mince et de la plus grande délicatesse (pl. 25, fig. 168 et 169, *l*). Dans beaucoup d'autres plantes, comme le *Gleditschia ferox*, le *Ruta graveolens*, le *Galega officinalis*, le *Staphylea pinnata*, etc., la nature de cette sorte de prétendu pétiole charnu est tout aussi évidente (pl. 20, fig. 15, 17, 19, *f*; 20, *b*; 27, *f.f*, *f*).

Pour M. Mercklin (page 222), les feuilles simples et les feuilles composées ont cela de commun que leur sommet naît avant toute autre partie. J'ai observé tout le contraire dans un grand nombre de feuilles composées. Dans les feuilles de *Nandina domestica*, *Ferula communis*, *Gleditschia*, *Galega*, etc., c'est la partie inférieure qui apparaît d'abord ; le sommet se forme le dernier.

Les exemples que l'auteur a choisis ont dû nécessairement le conduire à la conclusion qu'il a déduite de ses observations, c'est-à-dire que les folioles inférieures sont les plus jeunes ; car il existe, ainsi que mes études me l'ont prouvé, des feuilles composées, dont les folioles se forment de haut en bas, et d'autres où elles naissent de bas en haut. Tous les exemples cités par M. Mercklin appartiennent réellement à la première catégorie ; ce sont le *Baptisia minor*, le *Medicago sativa*, les *Rosiers*, le *Melianthus major*.

Page 220. « Dans toutes les feuilles simples, les stipules ne paraissent jamais en même temps que les premiers rudiments de la lame ; elles ne se développent qu'avec les parties inférieures de la lame, qui contiennent en général le pétiole. »

J'ai dit tout à l'heure que très souvent il est facile de constater que la partie inférieure de la feuille est née avant la partie supérieure ; il en est de même des stipules (*Tilleul*, *Geranium pratense*, etc., *Rumex Steudelii*, etc.).

« Dans les feuilles composées, dit M. Mercklin, les stipules constituent également la partie la plus jeune de toute la feuille. »

Il est une multitude de feuilles composées dont les stipules naissent avant les premières folioles de ces feuilles (*Gleditschia ferox* (fig. 27, *s, s*), *Galega officinalis* (fig. 13, *s*), *Staphylea pinnata* (fig. 19, 20, *s, s*), etc., etc.

Page 226. « Le développement de la feuille commence toujours par la partie la plus ancienne de la feuille rudimentaire, par conséquent au sommet, d'où il s'étend vers la base. »

Tel est, en effet, le développement d'un grand nombre de feuilles ; mais il en est d'autres, le *Nelumbium speciosum*, le *Galega officinalis*, le *Tropæolum majus*, etc., où l'allongement s'effectue d'abord près de la base, et se propage ensuite de bas en haut, de manière que la partie inférieure a cessé de s'accroître quand le sommet grandit encore.

Si l'on divise en parties égales un pétiole de ces plantes dont l'accroissement n'est pas encore terminé, on verra les divisions

inférieures s'allonger d'autant moins qu'elles seront plus voisines de la base, ou ne pas croître du tout si le pétiole est déjà
d'un âge avancé ; les divisions placées au-dessus, au contraire,
deviendront d'autant plus longues qu'elles seront plus rapprochées du sommet.

Voici quelques unes des expériences que j'ai faites : le 26 avril,
plusieurs pétioles de *Tropæolum majus* furent divisés en parties
égales ; ils donnèrent tous des résultats analogues. L'un d'eux,
qui était partagé en six parties d'un centimètre chacune, donna
les mesures suivantes le 3 mai :

Le centimètre inférieur donna 14 millimètres.
Le 2ᵉ . . . . = 13
Le 3ᵉ . . . . = 18
Le 4ᵉ . . . . = 28
Le 5ᵉ . . . . = 45
Le 6ᵉ . . . . = 48

Des divisions semblables faites sur le limbe des feuilles de
Victoria regia et de *Nelumbium speciosum*, du centre au sommet
ou du centre aux bords latéraux, m'ont fait voir que la lame de
ces feuilles peltées, après qu'elle s'est déroulée, s'étend également dans toutes les directions et dans toutes ses parties.

Le travail de M. Mercklin a exercé une très grande influence
sur l'opinion des botanistes. Il venait confirmer des observations
nombreuses, telles que celles de MM. De Candolle, Hugo Mohl,
Steinheil, Naudin, Adr. de Jussieu, etc. ; c'est pourquoi j'ai cru
devoir en discuter les passages les plus importants.

Maintenant que j'ai passé en revue les travaux les plus remarquables qui ont été publiés sur le développement des feuilles, je
vais exposer le fruit de mes propres observations.

La tige est terminée par un mamelon utriculaire de la plus
grande délicatesse, presque gélatineux, sur les côtés duquel naissent les feuilles ; celles-ci se présentent d'abord soit sous la forme
de proéminences plus petites, de la même nature et de la même
consistance que le sommet de la tige. Ces proéminences sont isolées si les feuilles sont alternes, opposées si les feuilles doivent

l'être, ou bien verticillées si ces organes offrent cette disposition.

Quand les feuilles opposées ou verticillées doivent être unies par la base, un bourrelet circulaire les précède sur l'axe (pl. 20, fig. 2, 3, 4); quand elles ne sont pas confluentes, les mamelons ou proéminences sont isolés (fig. 1, 13, 19, etc.); enfin, quand les feuilles alternes sont engaînantes, ou bien la gaîne naissante forme immédiatement un bourrelet tout autour de la tige (pl. 24, fig. 45, *f*, *f'*, *f''*, etc.); ou bien le mamelon qui se montre d'abord, s'élargit peu à peu, et finit par embrasser tout le pourtour de l'axe *Helosciadium nodiflorum*, etc.

Ces principes une fois posés, voyons comment ce mamelon primordial donne naissance à une feuille simple ou à une feuille composée. Il arrive à ce résultat de quatre manières différentes, que je désignerai par *formation basifuge*, ou de bas en haut; *formation basipète*, ou de haut en bas (1); *formation mixte* et *formation parallèle*.

Étudions d'abord les feuilles qui appartiennent à la *formation basifuge*.

Toutes les parties des feuilles qui se rangent dans cette catégorie, se forment de bas en haut. Pour rendre ma démonstration plus claire, je commencerai par la description des feuilles composées; et le premier exemple que je choisirai sera la feuille du *Nandina domestica* Thunb. Cette feuille se subdivise plusieurs fois en trois branches, dont les ramifications extrêmes se terminent par des folioles lancéolées. Ces feuilles sont souvent à leur origine plus compliquées qu'elles ne le sont à l'état adulte. Cette différence vient de ce qu'un certain nombre de parties avortent de bonne heure pendant leur évolution. Si nous prenons donc un bourgeon de *Nandina domestica*, que nous en enlevions successivement toutes les feuilles extérieures, nous nous apercevrons qu'elles diminuent graduellement d'étendue; leurs ramifications se raccourcissent, et bientôt toute la feuille sera assez contractée

(1) Dans la *formation basipète*, les parties du limbe seules se forment de haut en bas, car la gaîne les précède ordinairement quand la feuille en est munie. (*Note de l'auteur.*)

pour être enfermée complétement dans la gaîne de la feuille qui
la précédait. Alors le raccourcissement se fait suivant une progression géométrique, dont le rapport est 3. Nous arrivons ainsi
jusqu'à découvrir le mamelon cellulaire qui termine la tige ; et,
si nous allons assez loin, nous le trouverons entouré par un
bourrelet plus proéminent d'un certain côté (pl. 20, fig. 5, *b*).
Ce bourrelet et sa partie proéminente sont le rudiment de l'axe
de la feuille : la protubérance en représente le rachis et le reste
du bourrelet, la gaîne. Il est donc bien évident que, dans ce cas,
c'est la partie inférieure de la feuille qui naît la première. En
suivant le développement de cette feuille commençante, ou, ce qui
revient au même, en étudiant des feuilles graduellement plus
avancées en âge, nous découvrirons les phénomènes suivants.

Le bourrelet et sa proéminence s'élèveront ; sur les côtés de
celle-ci apparaîtront de très légers renflements (fig. 7, *c*, *d*),
d'abord à peine visibles ; ils deviendront plus sensibles à mesure
que l'axe qui les porte grandira. Tout à fait latéraux dans le
principe, en grossissant et s'élevant, ils s'avanceront peu à peu
sur la face interne du rachis (fig. 6, *c*), de sorte qu'à cette époque
on aura trois axes que l'on croirait indépendants les uns des
autres, si on ne les avait pas vus naître et se développer.

Cependant l'axe primaire *b* est plus élevé que les deux axes
secondaires *c* ou ses deux ramifications. Aussi recommencera-t-il
à se diviser comme en *d*, figures 6 et 7, avant qu'aucune protubérance ne se manifeste sur les côtés de celles-ci *c*. Deux nouveaux renflements *d* se montreront de la même manière que les
précédents ; ils croîtront de même, et constitueront deux nouveaux axes secondaires. Pendant que ceux-ci se développeront,
et qu'il en naîtra d'autres sur l'axe primaire, les deux premiers *c*
se ramifieront à leur tour. D'abord à peu près coniques, ils
s'aplatiront un peu, produiront sur leurs côtés chacun deux renflements opposés, qui se comporteront à leur égard comme ils se
sont comportés à l'égard de celui dont ils sont nés ; ce sont là les
premières divisions tertiaires de la feuille (fig. 8, *c*). En se tri-
furquant de la sorte, elles donneront naissance à des ramifications quaternaires. Après quatre, cinq ou six subdivisions sem-

blables, la multiplication s'arrêtera (fig. 9); les dernières productions *f* se dilateront longitudinalement et sur les côtés; elles se transformeront en véritables folioles ; mais en se dilatant, elles se replieront sur leur face supérieure, suivant la nervure médiane, après quoi leur épanouissement s'accomplira.

Pendant que les divisions du rachis se développaient ainsi, la gaîne croissait peu à peu (fig. 6, 8, 9, *g*). Le bourrelet qu'elle formait d'abord s'exhaussait de chaque côté du rachis, et recouvrait la nouvelle feuille, qui naissait du mamelon utriculaire terminal de la tige. La gaîne de cette dernière feuille embrassait à son tour une autre génération, et le même phénomène se reproduisait jusqu'à ce que toutes les feuilles de l'année fussent ébauchées.

Tel est le développement d'une feuille de *Nandina domestica*, de *Thalictrum exaltatum*, et tel est celui d'un grand nombre de feuilles, avec de très légères modifications dans les circonstances secondaires.

Prenons maintenant une feuille plus simple, une feuille de Légumineuse, de *Galega*, par exemple. Si c'est le *Galega officinalis* que nous examinons, nous remarquons que les feuilles les plus âgées ont le pétiole long et les folioles distantes. Sur des feuilles plus jeunes, le pétiole se raccourcit et les folioles se rapprochent ; celles du sommet surtout sont plus voisines les unes des autres, ce qui semble indiquer déjà que cette partie est la plus jeune ; mais n'anticipons pas sur les conclusions. Des feuilles moins avancées encore sont contournées en crosse (fig. 10, *f*); le pétiole est recourbé supérieurement, et les folioles, pliées longitudinalement sur la face interne, sont réfléchies sur celles qui sont placées plus bas sur le pétiole commun. Enfin le limbe de ces folioles se rétrécit aussi graduellement ; leurs insertions se resserrant toujours, elles finissent par être contiguës, et le pétiole proprement dit, qui subit la même progression décroissante, disparaît aussi complétement. Il ne reste plus qu'un rachis bordé sur la face interne de deux rangées de dents plus ou moins longues (fig. 12, *f*).

En poursuivant notre étude vers le centre du bourgeon, nous

remarquerons que ces dents diminuent aussi de longueur insensiblement. Un examen attentif nous fera reconnaître de plus que celles d'en bas sont plus allongées que les supérieures. Nous arriverons même à des feuilles où celles-ci seront réduites à de très petits mamelons transparents, blanchâtres, hyalins, presque limpides comme une goutte d'eau, quand l'accroissement est très rapide ; elles finiront par n'être plus indiquées que par un léger sillon transversal à la surface du rachis, lequel sillon s'évanouira lui-même entièrement. Enfin, le nombre de ces mamelons ira en s'affaiblissant de haut en bas (fig. 13, f), et l'on parviendra à un rachis court épais, qui se réduira lui-même à un mamelon semblable à ceux que je viens de décrire, mais qui reposera sur le sommet arrondi, utriculaire, presque gélatineux de la tige (fig. 12 et 13, f').

Je n'ai point fait mention jusqu'ici des stipules (fig. 10, s). Il n'est pas nécessaire d'ajouter qu'elles suivent la même loi de décroissement. Sagittées chez les feuilles anciennes, les oreillettes bilobées o, dont elles sont pourvues inférieurement, disparaissent ; d'ovales-lancéolées elles deviennent triangulaires, puis réniformes (fig. 11, s), et s'abaissent au point de devenir une légère proéminence un peu allongée de chaque côté du rachis naissant. Elles y existent avant l'apparition des premiers rudiments des folioles (fig. 13, f', s) (1).

Si, au lieu de descendre l'échelle du développement de cette feuille, nous voulions la remonter, pour parler de quelques détails que j'ai négligés, nous verrions le rachis à l'état de mamelon s'allonger (fig. 13, f'), s'aplatir très légèrement sur la face interne ; ses côtés devenir un peu proéminents, et former un sillon longitudinal peu profond sur cette même face ; nous apercevrions en même temps des bords de ce sillon s'élever, près de la base du jeune organe, une petite protubérance, qui est bientôt suivie d'une seconde (fig. 13, f), et celle-ci d'une troisième. A mesure que le rachis s'allonge, il en naît une quatrième, une cinquième, une sixième et une septième (fig. 12, f) ; enfin la multiplication cesse.

(1) La feuille f de la figure 13, planche 20, n'a pas encore de folioles apparentes, et cependant ses stipules s sont déjà grandes. (*Note de l'auteur.*)

Les protubérances inférieures se sont allongées pendant que les supérieures naissaient. Elles se sont comportées comme le rachis, c'est-à-dire qu'elles se sont aplaties sur la face interne, que peu à peu leurs bords, de ce côté, sont devenus saillants de manière à produire un sillon; mais celui-ci, par l'élévation de ses bords, est devenu de plus en plus profond, et il est résulté de l'accroissement de chacune de ces éminences, d'abord à peine sensibles sur le rachis, le limbe d'une foliole. Cet accroissement ne s'étant pas effectué près de l'insertion de la proéminence (ou foliole) sur le rachis ou pétiole commun, il est resté une sorte de partie contractée qui constitue le très court pétiolule de chaque foliole.

Chaque éminence du rachis se développe ainsi, de bas en haut, en une foliole parfaite, d'abord pliée longitudinalement sur sa face interne ou supérieure. Le sommet du pétiole commun lui-même se conduisit comme chacun des mamelons latéraux, et il se transforma comme eux en une foliole qui fut terminale. Quand toutes les folioles sont ébauchées, le pétiole s'allonge, les intervalles des folioles se dilatent; les mérithalles inférieurs s'allongeant les premiers refoulent ceux qui sont placés plus haut; et, comme les deux rangées de folioles chevauchent sur le bourgeon central et qu'elles s'appuient fortement sur lui, elles forcent le pétiole à se courber en crosse, et ce n'est que par les progrès de son accroissement qu'il parvient à vaincre cette résistance et à se redresser.

Beaucoup de feuilles simplement composées se développent ainsi. Les folioles inférieures sont les premières formées. De ce nombre sont les feuilles de beaucoup de Légumineuses, du *Mahonia fascicularis* (fig. 14) et du *Mahonia aquifolium* (fig. 15, 16), etc., de l'*Helosciadium nodiflorum* (fig. 21, 22, 23, 24), du *Staphylea pinnata* (fig. 19, 20), du *Ruta graveolens*, des *Spiræa Lindleyana, sorbifolia* (fig. 17, 18), etc.

Quelques unes de ces plantes présentent des particularités remarquables : les unes seront signalées quand je traiterai de la formation des stipules ; mais je rapporterai ici celles que présente l'*Helosciadium nodiflorum*. Le développement de la feuille de cette plante me conduira à celui du *Ferula communis*, que je décrirai ensuite.

La gaîne de la feuille de l'*Helosciadium nodiflorum* se forme, à quelque chose près, comme celle du *Nandina domestica*. Une protubérance assez épaisse s'est élevée près du sommet de la tige ; elle s'est étendue par sa base autour de celle-ci, sous la forme d'un bourrelet assez mince et court, qui a pris peu d'accroissement du côté opposé à la protubérance. Cependant celle-ci s'est élevée, et la gaîne s'est élargie sur ses côtés, de manière que leur ensemble figure un petit capuchon (fig. 21, *g*), qui recouvre en partie le sommet de la tige *a*. C'est à cette époque que naît de chaque côté, au-dessus de la gaîne, un tubercule arrondi qui grossit peu à peu, pendant qu'il s'en développe un second au-dessus de lui sur le rachis court et épais qui le porte ; puis un troisième et un quatrième de chaque côté (fig. 22, *c*, *c'*, *c''*, *c'''*). Ces tubercules, formés de bas en haut comme les folioles du *Galega officinalis*, deviendront aussi des organes de même nature ; mais ces folioles de l'*Helosciadium nodiflorum* ne se replient pas suivant leur nervure médiane, comme celles du *Galega* ; elles restent étalées (fig. 23, 24, *c*), et celles qui appartiennent à la même rangée sont imbriquées de manière que les inférieures recouvrent les supérieures. Le sommet du pétiole *b* s'est aussi transformé en une foliole terminale, qui seule est pliée longitudinalement. Toutes ces folioles, d'abord entières, sont devenues dentées sur les bords.

La feuille de l'*Helosciadium nodiflorum* est donc une feuille pinnée avec impair. La feuille du *Ferula communis* est une de celles qu'on nomme *plusieurs fois pinnatiséquées*, et elle l'est, comme on va le voir, à un degré beaucoup plus élevé que les plus compliquées d'entre les feuilles des Légumineuses ne sont *surdécomposées*. Voici, au reste, comment elle se développe.

Elle commence par prendre l'apparence d'une feuille pinnatifide, comme celle de l'*Helosciadium* ; mais bientôt chacune des proéminences latérales, au lieu de rester simple, se divise de bas en haut de la même manière que le pétiole commun (fig. 25 et 26, *b*) ; on a ainsi l'image d'une feuille bipinnée ; puis chacune

de ces ramifications secondaires se subdivise en pétiolules tertiaires, qui donnent naissance à d'autres pétiolules d'un ordre
quaternaire, et ainsi de suite, jusqu'à ce que l'on arrive aux divisions extrêmes.

Si cette multiplication s'arrêtait là, nous aurions le mode de
développement et une structure comparable à celle des feuilles
décomposées-pinnées des Légumineuses (qui, soit dit en passant,
se forment ainsi : c'est pourquoi je n'y reviendrai pas). Mais il
n'en est pas de même dans le *Ferula communis*. Ce que l'on
appelle la *surdécomposition* des feuilles existe dans cette plante à
un degré bien plus élevé. En effet, pendant que les axes secondaires, b, b', b'', fig. 26, sont produits de bas en haut, de chaque
côté du pétiole commun, il s'en développe de la même manière
deux autres rangées entre les deux premières, sur la face interne
du rachis en c, c'. Chacune des productions de ces nouvelles rangées
est opposée à l'une des branches ou pinnules des deux rangées
primitives : en sorte qu'étant plus jeunes et placées à leur insertion du côté interne, on peut, à la rigueur, les considérer comme
axillaires. On aurait donc un rameau à l'aisselle d'une feuille
pinnée si les choses restaient dans cet état ; mais ce n'est pas tout
encore, la complication s'accroît bien davantage. Chacune des
parties de ces rangées secondaires devient pinnatifide comme celles
des premières, et toutes ces pinnules se subdivisent encore plusieurs fois ; seulement elles n'émettent ordinairement plus de ramifications intermédiaires sur le milieu de leur rachis particulier.

Par le nombre de ces subdivisions, on peut juger de la multitude des parties qui composent une feuille de *Ferula communis*.

Je n'ai qu'un mot à ajouter pour le développement des feuilles
paripinnées. Il ne diffère de celui des feuilles du *Galega officinalis*, etc., qu'en ce que le sommet du pétiole ne se change pas en
une foliole. Dans le *Gleditschia ferox*, cette extrémité est courte,
et revêtue de poils pendant la jeunesse (fig. 28, v) ; dans les *Lathyrus*, les *Vicia*, etc., la nervure médiane ou le rachis s'allonge,
pour former les vrilles, à l'aide desquelles ces plantes s'attachent
aux corps voisins.

La feuille du *Pæonia Moutan*, par son mode de formation,

vient aussi se ranger dans la série basifuge. Elle se développe comme une feuille bipennée avec impaire, dont elle se rapproche par sa forme. En effet, son pétiole se divise en trois branches, une terminale ou médiane, et deux latérales; chacune de ces branches porte une foliole terminale trilobée, et au-dessous d'elle une paire de folioles ou de lobes également trifides, ou dentées d'un seul côté, ou tout à fait simples.

A son origine, le très jeune rachis, consistant en une éminence utriculaire qui s'élargit latéralement, émet de chaque côté deux mamelons cellulaires qui, en grandissant, se creusent par la face interne (pl. 23, fig. 111, *b, b*). Au-dessus de ces deux premières ramifications s'en développent deux autres (fig. 112, *a′, a′*), qui formeront la paire de folioles ou de lobes située au-dessous de la foliole terminale.

A cette époque, les deux premières productions latérales, ou pétioles secondaires *b, b*, donnent naissance à leur tour à deux nouvelles divisions (fig. 113, *b′, b′*) qui constitueront leurs deux folioles inférieures. Ce sont là les parties principales de la feuille, les neuf folioles rudimentaires; les subdivisions qui naissent ensuite ne sont que les dents plus ou moins profondes de ces folioles.

Pendant le développement des dernières folioles (fig. 113, *b′, b′*), l'axe primaire produira de nouveau, près de son sommet, deux lobes latéraux (fig. 114, *ar, ar*), qui seront ceux de la foliole terminale. Enfin, chacune des folioles des pétioles secondaires ou inférieurs se divisera aussi: les terminales deviendront trilobées, *b, br, br*, et les latérales se diviseront, soit des deux côtés, soit seulement sur le côté externe, *b′, b′r*, ou bien elles resteront entières.

Dans cet état la feuille est complète, mais toutes ses parties sont très rapprochées les unes des autres. Alors commence l'allongement du pétiole primaire et des pétioles secondaires, qui se continue jusqu'à ce que la feuille soit parvenue au maximum de son accroissement.

Le développement basifuge, ou de bas en haut, que nous avons reconnu dans les feuilles composées qui ont été décrites précédemment, s'observe aussi dans certaines feuilles simples. La feuille du *Tilleul* en est un bel exemple.

Quand, après avoir enlevé successivement toutes les feuilles d'un bourgeon de *Tilleul*, on est parvenu aux plus jeunes, au sommet de l'axe, on trouve que celles-ci ne consistent qu'en un mamelon (pl. 21, fig. 29, *f*) qui s'allonge en se courbant un peu vers l'extrémité de la tige *t*. Cette proéminence, ce rachis de la feuille, s'aplatit sur la face interne (fig. 30, *f*), s'étend de chaque côté (fig. 30, *f*), plus vers la base que vers le sommet. Il reste néanmoins à la partie inférieure un rétrécissement qui représente le pétiole *p*. Chaque moitié du limbe, d'abord très entière, offre bientôt un sinus qui, par l'accroissement des parties voisines, devient plus grand et la partage en deux parties (fig. 32, *A. B*) : l'inférieure *A* représente la première nervure latérale ; la supérieure *B* doit produire, de bas en haut, les autres nervures principales. Pendant que le développement se continue, cette partie supérieure se divise à son tour par la formation d'un nouveau sinus : c'est la seconde nervure qui apparaît. Il en naît ainsi quatre ou cinq autres toujours de plus en plus rapprochées du sommet de la feuille et plus courtes (fig. 33, *A, B, C*). Ainsi le limbe, qui était dans le principe parfaitement entier, est maintenant garni de dents peu profondes, mais larges et épaisses. Vers la naissance de la troisième ou quelquefois de la quatrième, la première dent, ou lobe *A*, qui s'est élargie par son côté extrême, commence à devenir sinueuse (fig. 33) ; c'est que la nervure qui lui correspond produit, de bas en haut, des ramifications *a, a', a''*, qui seront les nervures inférieures de la feuille. Les nervures supérieures se montrent (fig. 34, *A, B, C, D, E*) pendant le développement de ces dernières.

Quand toutes les nervures principales se sont ainsi formées, la feuille a autant de dents qu'il y a de nervures secondaires et de branches tertiaires à la nervure secondaire inférieure. De nouvelles dents s'élèvent bientôt entre les premières ; elles sont dues à des rameaux d'un autre ordre émis par les nervures précédentes (fig. 35, *b, b', c, d*). À la même époque, la première nervure tertiaire *a* se ramifie aussi (fig. 35, *a, x*) ; il en naît successivement quatre ou cinq nervures quaternaires (fig. 36, *x. x'*, *x'', x''', x''''*) Pendant que les dernières ramifications des nervures principales apparaissent, des nervules unissent transversalement les nervures entre elles (fig. 36, *z*). Peu à peu, la face inférieure s'est couverte de poils (fig. 34, *v*) ; ils sont nés d'abord sur la nervure secondaire inférieure *A* qui est la plus ancienne, puis sur la seconde *B*, ensuite sur la troisième *C*, etc. ; et ils se sont montrés d'abord vers le bas de chacune d'elles, comme on le voit en *B*, *C*, *D*.

La feuille du Tilleul ainsi ébauchée est pliée longitudinalement en deux, suivant la nervure médiane, sur sa face supérieure (ceci s'observe déjà dans les très jeunes feuilles) (fig. 30, *f*, et fig. 31, *f*). Elle est de cette manière appliquée par un de ses côtés sur les stipules qui enveloppent la partie du bourgeon plus jeune qu'elle.

La feuille du *Ficus Carica*, qui, à part ses lobes, ne paraît pas, à première vue, avoir une nervation éminemment différente de celle du Tilleul, présente cependant une modification légère en apparence, dont la considération a, malgré cela, la plus haute importance. Cette modification consiste en ce que, de chaque côté, ses trois nervures principales partent en rayonnant du sommet du pétiole. Dans un instant, nous reconnaîtrons les conséquences de cette disposition.

La feuille de ce figuier commence par une éminence, qui s'allonge, se penche sur le sommet de l'axe (fig. 37, *a*), ou plutôt sur les stipules *s* qui naissent à son aisselle, et s'aplatit du côté interne (fig. 38, *a*). Il ne tarde pas à naître de chaque côté, près de la base, une dent épaisse (fig. 39 et 40, *b*), qui sera le lobe latéral principal de la feuille (1). Celle-ci est alors trilobée (fig. 40, *a*, *b*, *b*) ; elle a un lobe médian large et épais *a*, et deux lobes latéraux *b*, *b* beaucoup plus petits. On ne distingue pas encore les nervures du limbe ; mais celui-ci (ou peut-être mieux la nervure médiane) s'amincissant sur les bords en s'étendant, les nervures primaires deviennent visibles ; elles sont très grosses

(1) *Note de l'auteur.* Les figures 37, 38 et 39, ont été fournies, à la fin de l'hiver, par des bourgeons stationnaires ; dans des bourgeons dont la végétation est très active, les stipules sont, à cette phase du développement de la feuille, relativement beaucoup moins avancées.

à leur base (fig. 41, *a, b*). Le limbe continuant à grandir, son pourtour devient ondulé ; une nervure secondaire apparaît de chaque côté du lobe moyen ou supérieur de la feuille ; puis il en naît une seconde (fig. 41, *a*). Vers la même époque, un lobule sort (en *c*, fig. 41) de la base et du côté externe de chaque lobe latéral *b*. Toutes ces parties s'accroissant à la fois, les nervures se multiplient dans le lobe supérieur (fig. 42, *a*) ; il s'en manifeste dans les lobes latéraux *b* ; il s'en développe aussi dans les lobules *c* récemment formés. De la base et du côté externe de chacun de ces derniers émane une troisième paire de lobes, qui sont représentés naissants, en *d*, dans la figure 42. Les parties saillantes des ondulations des bords sont devenues des dents qui correspondent aux nervures (fig. 43). Il en est de celles-ci comme de celles du *Tilleul* ; il est inutile par conséquent de m'y arrêter davantage.

Le pétiole *p* est ici excessivement court et épais ; il est alors surmonté de sept grosses nervures (fig. 43) qui rayonnent de son extrémité. La plus volumineuse, ou la médiane *a*, est la plus âgée ; les deux latérales supérieures *b, b* sont nées ensuite ; les deux paires inférieures *c, c, d, d* sont d'autant plus jeunes qu'elles sont plus près de la base de la feuille ; mais pendant leur développement, la feuille croissait par sa partie supérieure, comme celle du *Tilleul* par la multiplication de ses nervures secondaires.

Ainsi nous avons là un développement basipète (ou de haut en bas) par la formation des nervures médianes des lobes, en même temps qu'un développement basifuge (ou de bas en haut) par celle des nervures secondaires principales de ces lobes. Je dis principales, parce qu'il y a, à la partie inférieure de chacun d'eux, des nervures secondaires plus petites que l'on n'aperçoit que plus tard.

Dans le *Tilleul*, toutes les nervures principales sont nées immédiatement de la nervure médiane ; aussi se sont-elles développées toutes de bas en haut ; mais la nervure secondaire principale, inférieure (fig. 36, *A*), a émis aussi deux générations ou plutôt deux ordres de ramifications (*a, a'. a''*, etc., et *x, x', x''*, etc.) qui ont occasionné l'accroissement de la feuille par la base. De sorte que la feuille du *Tilleul* et celle du *Ficus Carica* se sont accrues à la fois par en haut et par en bas, mais d'une manière toute différente, et cette circonstance est très importante à noter. Dans le *Tilleul*, ce sont des nervures d'ordres tertiaire et quaternaire, dues à la formation basifuge, qui ont produit cet accroissement ; tandis que, dans le Figuier, ce sont des nervures primaires, c'est-à-dire nées immédiatement du sommet du pétiole (fig. 43, *a, b, c, d*). Eh bien, cette seule différence dans l'origine des nervures en amène une très grande dans le développement ; car, toutes les feuilles *digitées* et toutes celles qui sont *digitinerviées* ont le développement basipète ; mais l'inverse n'a pas toujours lieu : toutes les feuilles *penninerviées* n'ont pas le développement basifuge. Il y a de nombreuses exceptions dont j'essaierai de donner l'explication dans la seconde partie de ce travail, qui sera le sujet d'un autre mémoire.

La feuille du *Paulownia imperialis*, par sa formation, vient se placer entre celles du Tilleul et du Figuier. Un mamelon se forme latéralement près de la partie supérieure de l'axe ; il s'allonge, se termine en cône et se couche sur le sommet de la tige (fig. 46, *p*), puis il s'aplatit sur la face interne et donne naissance à un limbe qui s'étend peu à peu (fig. 47, *l*). Quand celui-ci est devenu ovale, un léger sinus (fig. 48) qui augmente insensiblement, vient interrompre l'intégrité primitive de ses bords. C'est vers le moment de son apparition, ou plutôt un peu après, car il n'en est que la conséquence, que la première nervure devient visible (fig. 49, *a*) ; c'est la nervure latérale principale de la feuille. Il y en a une semblable de chaque côté, et elles se prolongent dans les lobes inférieurs.

Au-dessous d'elles, dans les mêmes lobes par conséquent, s'en manifeste une seconde de chaque côté, mais plus petite (fig. 49, *b*). Au-dessus de la première viennent se placer les nervures principales de la partie supérieure de la feuille ; elles se montrent de bas en haut (fig. 50, *c, c*). Cependant la régularité de cette apparition successive est rompue par une ou deux nervures plus petites que les autres, qui viennent s'interposer entre elles *d, d*.

J'ai dit plus haut qu'après la formation de la première nervure latérale, on en voyait bientôt une autre plus petite au-dessous d'elle. Ce n'est pas la dernière qui se développe dans cette partie de la feuille ; plus bas encore, quand le limbe s'agrandit, s'en montre une plus grêle de chaque côté, tout près du bord inférieur (fig. 51 et 52, *e*) ; car toutes les parties sont à peu près symétriques. Je dis à peu près, parce que j'ai souvent remarqué, dans le *Paulownia*, dans le *Ficus Carica* et dans quelques autres plantes, que l'un des côtés est souvent en retard ; il est moins avancé que l'autre.

Pendant que les nervures se développent, le limbe croît aussi. La sinuosité de son contour augmente. Les deux courbes saillantes de chaque côté et le sinus qui les sépare deviennent de plus en plus anguleux (fig. 48, 49, 50, 51, 52). Chaque moitié de la feuille paraît à la fin découpée de manière à figurer deux angles sortants à peu près droits : l'un vers le milieu de la feuille, l'autre au sommet. C'est celui du sommet, dont l'un des côtés est perpendiculaire à la nervure médiane, qui fait paraître la feuille comme tronquée.

Le réseau des nervules se dessine quand toutes ces parties sont ébauchées (fig. 51 et 52).

La feuille est pourvue de deux stipules elliptiques (fig. 45, *s*, *s*) dont je parlerai en traitant de ces organes en général.

Les feuilles des *Acer platanoides*, *pseudo-platanus*, dont les nervures principales sont digitées et les nervures secondaires pennées, se forment de la même manière. La nervure médiane paraît la première, les deux nervures principales supérieures viennent ensuite, après elles les deux qui sont placées immédiatement au-dessous, etc. Les nervures secondaires principales des lobes, qui sont pennées, se forment de la base au sommet dans ces *Acer*. Au reste, voici leur mode de formation avec plus de détail.

Comme les feuilles de ces arbres sont opposées, il y a aussi deux proéminences opposées à leur origine (pl. 22, fig. 53, *b*, *b*) ; elles sont séparées l'une de l'autre par le sommet convexe de la tige ; mais entre elles, à un moment donné, est une simple dépression (fig. 54, 56, *a*) ; c'est qu'en s'élevant elles effacent le mamelon

qui terminait l'axe (fig. 53, *a*) ; celui-ci se relève ensuite pour produire deux autres feuilles. Ces proéminences, rudiments des feuilles, deviennent un peu concaves en grandissant. Deux saillies se
manifestent près de leur sommet, une de chaque côté (fig. 54 et
55, *c, c*) ; elles augmentent peu à peu et ne tardent pas à former
deux lobes latéraux près de la pointe terminale de la jeune
feuille, qui sera le lobe médian *b*, tandis que les deux autres
seront les deux lobes latéraux supérieurs *c, c*. Ceux-ci, en s'étendant dans tous les sens, laissent au-dessous d'eux un rétrécissement qui constituera le pétiole ; leur partie inférieure devient
plus saillante (fig. 56, *d, d*), et ces saillies, d'abord arrondies,
s'accroissent surtout par en haut ; elles prennent insensiblement
la forme que doivent avoir les lobes inférieurs. Les lobules qui
subdivisent quelquefois les lobes des feuilles des Érables, n'étant
que des divisions de ces premiers lobes, naissent de ceux-ci de
la manière ordinaire.

Tous ces lobes principaux sont pliés longitudinalement suivant leur nervure médiane ; leurs nervures secondaires (fig. 57, *c'*,
c", d', d") se forment de bas en haut comme je l'ai indiqué plus
haut, et leurs dents naissent comme celles du *Tilleul*, c'est-à-
dire comme des ramifications des nervures.

A côté des *Acer* se rangent les feuilles digitinerviées d'un
grand nombre de plantes, telles que celles des *Geranium*, de
l'*Hedera Helix*, les feuilles peltées, et celles des *Helleborus* qui
mènent aux feuilles *digitées-composées*, comme celles de l'*Æsculus Hippocastanum*, des *Carolinea, Paratropia*, etc., etc.

Dans les *Geranium*, comme dans les *Acer*, les lobes supérieurs
naissent les premiers, et les lobes inférieurs ne viennent que plus
tard. De même aussi que dans les *Acer* cités, les divisions des
lobes se forment de bas en haut (*Geranium pratense* L.). Les stipules existent avant les lobes inférieurs. Ainsi, dans la figure 77,
planche 22, on voit que les stipules *s, s* sont beaucoup plus développées que les premiers lobes *c, c* qui sont de chaque côté du
lobe médian *b*, et que l'une des paires des lobes principaux manque.
La figure 78 montre que cette paire naît en *d, d*, entre les
lobes *c, c* et les stipules *s, s*. Dans le *Geranium pratense*, la feuille

a sept lobes ; mais les deux inférieurs ne sont que des divisions e, e
(fig. 79) des lobes de la seconde paire d, d ; aussi naissent-ils
comme des ramifications de ceux-ci. Ils sont redressés dans
leur jeunesse vers l'intérieur de chacun des lobes auxquels ils
appartiennent, qui sont aussi érigés l'un contre l'autre, de
manière que les lobules e, e (fig. 80) sont enveloppés par les
lobes d, d dont ils ont pris naissance, et que ces deux lobes sont
recouverts en partie par les deux supérieurs c, c, sur lesquels
s'applique le lobe terminal b.

Quand cette feuille du *Geranium* est étalée, elle rappelle à
l'esprit les feuilles *peltées*. Ces feuilles, en effet, appartiennent
au mode de formation des feuilles digitinerviées, à la *formation
basipète*.

Elles commencent, comme toutes les autres feuilles, par une
petite éminence composée de tissu utriculaire. Si c'est une feuille
de *Tropæolum majus* que l'on étudie, cette éminence (pl. 23,
fig. 85, a'), en grandissant, forme une écaille épaisse et ovale
qui se renfle ou se dilate sur les côtés (fig. 86, b, b), de manière
à présenter inférieurement une partie rétrécie (fig. 85, p) qui
est le jeune pétiole, et une autre au sommet qui répond à la nervure médiane, au lobe médian ou terminal de la feuille, car elle
est lobée dans l'origine. La dilatation du limbe produit d'abord
deux lobes latéraux près du sommet, un de chaque côté du lobe
terminal (fig. 87, b, b) ; puis il en naît deux autres immédiatement
au-dessous, c, c; enfin une troisième paire se développe plus bas
encore (fig. 89, d, d).

La feuille du *Tropæolum* ressemble en ce moment à une feuille
ordinaire à sept lobes ; mais pendant son accroissement, les deux
lobes inférieurs tendent à se réunir. Par le gonflement des tissus
intermédiaires du sommet du pétiole (fig. 89, p) ils se rapprochent peu à peu et deviennent continus. Cette partie inférieure et
transversale de la lame croissant avec les autres, on a une feuille
peltée d'abord septem-lobée (fig. 90), mais dont les lobes deviennent de moins en moins sensibles avec l'âge (fig. 91). Comme
dans les feuilles précédentes, chaque lobe a sa nervure médiane,
et la partie de la lame qui unit les lobes inférieurs est due à deux

nervures qui lui sont particulières, et qui partent du sommet du pétiole comme les autres (fig. 91, *e, e*).

Le pétiole, qui jusque-là est resté très court, s'allonge; mais il ne grandit point de haut en bas, suivant le mode de formation du limbe; il se développe de bas en haut, par sa partie supérieure.

Ainsi, dans la feuille du *Tropæolum majus*, comme dans celle de beaucoup d'autres plantes qui appartiennent au même mode de formation (*Æsculus*, *Pavia*, etc.), la partie inférieure du pétiole est plus âgée que la partie supérieure.

L'expérience suivante met ce fait hors de doute (j'en ai déjà cité une semblable). Le 26 avril, un jeune pétiole de *Tropæolum majus*, de 2 centimètres de longueur, fut divisé en quatre parties égales de 5 millimètres chacune; il donna, le 29 mai, les mesures suivantes :

La division inférieure égalait 11 millimètres.
La 2ᵉ. . . . . = 17
La 3ᵉ. . . . . = 36
La 4ᵉ ou la supérieure. = 63

D'autres mesures, prises avant l'arrêt complet du développement, ont fait voir que la base a cessé de s'accroître longtemps avant le sommet.

Dans un Mémoire présenté à l'Académie des sciences le 2 novembre 1852 (*Comptes rendus*, t. XXXV, p. 655), j'ai décrit les premières phases de l'évolution des feuilles peltées de la *Victoria regia* et du *Nelumbium speciosum*. Le limbe forme d'abord un bourrelet de chaque côté de la nervure médiane; les deux bourrelets se réunissent de la même manière que les deux lobes inférieurs de la feuille du *Tropæolum majus*; les deux côtés du limbe s'enroulent ensuite sur eux-mêmes jusqu'au moment de l'épanouissement de la feuille; après quoi elle continue son accroissement. J'ai démontré que l'extension du limbe de ces feuilles est égale dans toute son étendue.

Les figures 152, 153 et 154 représentent de très jeunes

feuilles d'une variété du *Nelumbium luteum*. Dans la figure 152, le sommet du pétiole, dont la base est entourée par une stipule *s*, est déprimé antérieurement. C'est des bords de cette dépression que naît le limbe, qui s'avance de haut en bas, de chaque côté, sous la forme d'un bourrelet (fig. 153, *l*). Un peu plus tard, les deux bourrelets se réunissent inférieurement comme l'indique la figure 154 : ils s'enroulent alors comme je viens de le dire en parlant du *Nelumbium speciosum* et de la *Victoria regia*.

La formation de la feuille peltée de l'*Umbilicus pendulinus* DC., qui est très souvent infundibuliforme, est beaucoup plus compliquée. C'est pourquoi il serait très difficile d'en donner une description bien claire sans le secours de figures.

Elle débute par une écaille épaisse (fig. 92, A), comme celle du *Tropæolum majus*, sur les côtés de laquelle naissent en croix deux lobes (B, B, fig. 93). Aux angles inférieurs formés par ces lobes B, B avec la base de l'écaille ou le pétiole, paraissent deux autres lobes (C, C, fig. 94) plus petits qu'eux. Ces quatre lobes répondent aux deux paires de nervures principales rayonnantes, et elles se forment, comme on le voit, de haut en bas de chaque côté de la nervure primitive, qui se termine dans le sommet de l'écaille, et qui est la plus âgée. Maintenant, chacun de ces lobes B, B, C, C va émettre une ramification. Celles de B, B naîtront aux angles supérieurs formés par les lobes B, B et le sommet A (fig. 95, *b*, *b*). Je les indique par *b* pour marquer qu'elles tirent leur origine de B. La figure 100 fait voir que ces nervures des lobes A, B, C, D sont rayonnantes à l'extrémité du pétiole, et que celles de *b*, *b* ne sont que des ramifications de B, B.

Entre B et C naissent de même des lobules *c*, *c*, qui sont produits par des rameaux des nervures de C, C, bien qu'ils soient souvent insérés sur le côté de B. Vers la même époque sont formés les lobules D, D (fig. 96 et 97) à l'angle inférieur de C, C, c'est-à-dire plus près du milieu de la face interne du pétiole. Deux autres lobules plus petits (E, E, fig. 97) s'interposant entre D, D, à la surface même du pétiole, complètent la réunion des deux bords du limbe.

À ce période de formation, celui-ci, composé de treize lobes

très variables en étendue, offre à peu près la figure d'un carré
(fig. 97). Le lobe A du sommet occupe seul le côté supérieur de
ce carré, dont *b, b* font les angles supérieurs, et C, C les angles
inférieurs. Les lobes B, B occupent les faces latérales avec les
lobules *c, c*, qui sont placés au-dessous d'eux. Enfin les lobes
D, D et les deux petits lobules E, E du milieu occupent la face
inférieure de la figure. La base du pétiole s'est dilatée en une
gaîne étroite.

Toutes ces parties, nées de haut en bas dans l'ordre que A, B,
C, D, E occupent dans la figure, s'accroissent ensuite simultanément, et donnent lieu à une figure souvent fort irrégulière, dans
laquelle il serait très difficile de déterminer rigoureusement
l'ordre de formation de tous les lobes. Peu à peu elle devient
arrondie, et arrive à former une feuille peltée presque plane,
un peu ombiliquée au centre (fig. 98, *l*). Cette dépression
centrale s'accroît par le développement inégal des divers points
de la surface du limbe. Les bords ne se dilatant pas dans la même
proportion que le centre de la feuille, sont relevés par celui-ci
de manière à simuler un entonnoir crénelé (fig. 99, *l*). Ces cré-
nelures, qui sont inégales, répondent aux divisions primitives
du limbe.

Les feuilles peltées du *Tropæolum majus*, de l'*Umbilicus pendulinus*, des *Nelumbium speciosum*, *luteum*, etc., se forment suivant
le type basipète ; leurs nervures principales, qui rayonnent de
l'extrémité du pétiole, apparaissent de haut en bas, ou, ce qui
revient au même, de la face extérieure à la face intérieure de cet
organe. Il est une plante dont les feuilles peltées semblent ne pas
rentrer dans cette loi ; leurs lobes principaux naissent tous à peu
près en même temps. Cette plante est le *Podophyllum peltatum*.
Mais il serait possible que ce ne fût pas là une exception réelle ;
en effet, la nervation dans les feuilles de cette plante est la même
que dans beaucoup d'autres feuilles peltées ; quand le nombre
des lobes est impair (de sept par exemple), il y en a un médian,
terminal ou externe, souvent plus long que les autres ; les six
autres lobes sont disposés symétriquement par paires de chaque
côté du précédent, et vont souvent en diminuant de grandeur de

la face externe du pétiole à sa face interne. Si la feuille n'a que six lobes, une paire semble terminale, et les deux autres paires latérales. Cependant, comme je l'ai dit plus haut, ces lobes, dans les jeunes feuilles que j'ai eues à ma disposition, ont commencé à se développer à peu près en même temps. Ne peut-on pas croire qu'elles se sont formées successivement, mais à des intervalles si rapprochés qu'il m'a été impossible de les apprécier dans le petit nombre de feuilles naissantes que j'ai pu examiner? Je ne le crois pas, parce que les lobes de la feuille du *Podophyllum peltatum* ont cela de particulier pour moi, jusqu'à ce moment, qu'elles commencent à peu près comme un verticille de feuilles qui doivent être unies par la base. De même que celles-ci sont précédées par un bourrelet circulaire sur la tige, de même les lobes de cette feuille ont pour origine un tel bourrelet (pl. 23, fig. 81, *b*) né au sommet du pétiole rudimentaire *p*. Il est de toute évidence que là aussi le pétiole apparaît avant le limbe. Ce pétiole constitue d'abord une proéminence de tissu utriculaire près de l'extrémité du rhizome; quand cette proéminence a acquis une certaine hauteur, elle se couronne d'un bourrelet circulaire égal dans tout son pourtour (fig. 81, *b*). Puis de ce bourrelet naissent simultanément six ou sept petites protubérances (fig. 82, *l*) qui représentent les lobes de la feuille. Pendant que le pétiole s'allonge, ces lobes grandissent aussi; ils s'étendent verticalement sur le pétiole (fig. 83 et 84, *l*), autour duquel ils descendent de manière à l'envelopper plus ou moins complétement. On remarque de bonne heure leur inégalité. Quand le pétiole a percé la surface du sol, que le limbe est arrivé au contact de l'air, il s'y épanouit; et d'étiolé, de jaune pâle qu'il était, il devient vert sous l'influence de la lumière.

On le voit, ce n'est point à proprement parler de haut en bas, ou de l'extérieur à l'intérieur, que sont apparus les lobes de la feuille du *Podophyllum peltatum;* ils sont nés simultanément et circulairement.

Les feuilles d'un autre genre, dont les folioles rappellent la disposition circulaire des lobes naissants du *Podophyllum*, ne se développent cependant pas de la même manière. Ce sont celles des *Oxalis* à trois, à quatre ou à un plus grand nombre de folioles disposées en ombelle au sommet du pétiole.

Quand les feuilles sont caulinaires et à trois folioles, comme celles de l'*Oxalis crenata*, elles commencent près de l'extrémité de la tige par une écaille épaisse, arrondie au sommet et dilatée vers la base. Cette dilatation est l'origine des stipules. La partie supérieure émet, en grandissant, un lobe de chaque côté ; en sorte que la feuille est alors trilobée, et que le lobe médian ou terminal est le plus âgé.

Si c'est un *Oxalis* quadrifoliolé que l'on étudie, comme l'*Oxalis Deppei* Sweet et l'*Oxalis tetraphylla* Cav., un phénomène singulier se présente. Il se développe d'abord, comme je viens de le dire, une feuille trilobée, dont le lobe supérieur est plus âgé que les latéraux ; c'est alors que naît le dernier lobe, ou la quatrième foliole, entre les deux lobes latéraux, sur la face interne du pétiole ; elle apparaît sous la forme d'un petit mamelon, qui s'élève et prend peu à peu la forme propre aux folioles. Le limbe de celles-ci, à son origine, a l'aspect d'un fer-à-cheval ; et j'ai souvent remarqué, dans l'*Oxalis Deppei*, que les deux côtés de la foliole terminale se développent simultanément, et qu'il n'en est pas de même des folioles latérales ; car le côté inférieur, c'est-à-dire le plus éloigné de la foliole médiane, m'est souvent apparu moins avancé que le côté supérieur. La base de ce dernier était bien définie, que celle du côté inférieur ne se distinguait pas encore ; elle se confondait, elle était continue avec le pétiole. Mais bientôt celui-ci, en se renflant à la base des folioles les plus jeunes, donnait naissance à une sorte de bourrelet qui les unissait, et duquel émanait la quatrième foliole. Ainsi, non seulement les folioles apparaissent successivement, mais encore le côté inférieur du limbe des latérales ne se montre souvent qu'après le côté supérieur de chacune d'elles.

Quand une feuille en ombelle d'*Oxalis* a plus de trois ou quatre folioles, comme celles de l'*Oxalis lasiandra* Grah., par exemple, qui en a de sept à neuf, les autres folioles continuent à se développer suivant le mode basipète. Seulement on observe à l'extrémité du pétiole un renflement transversal, une sorte de

bourrelet, qui détermine la base du limbe, qui le complète inférieurement, à peu près comme cela se voit à la dernière phase de
la formation des feuilles peltées ; c'est de ce renflement que naissent les dernières folioles.

Les feuilles des *Oxalis Deppei*, *tetraphylla*, *lasiandra*, et probablement celles de tous les *Oxalis* bulbifères, offrent une particularité qui mérite d'être notée. Les bulbes de ces plantes sont
composées d'une multitude d'écailles élargies à la base et se
terminant en pointe au sommet. Ces écailles représentent la partie inférieure du pétiole munie de ses stipules ; pourtant, l'extrémité supérieure de celles-ci n'est pas encore libre, ou mieux n'est
pas encore développée dans les écailles intérieures ; car une
pointe unique les termine. À mesure qu'elles avancent en âge,
qu'elles s'accroissent, on voit un peu au-dessous du sommet
apparaître deux petites dents qui augmentent insensiblement.
L'écaille est alors tridentée. La dent médiane, d'abord plus
longue que les autres, est bientôt dépassée par elles : en ce moment elle s'infléchit, elle se couche sur la face interne de l'écaille,
pendant que les deux dents latérales ou stipulaires, en se courbant aussi et s'accroissant, se recouvrent l'une l'autre, et enveloppent la dent terminale dont elles protégent le développement.
Cette dent terminale est le rudiment du pétiole proprement dit.
C'est vers le moment de son inflexion, ou un peu avant dans
l'*Oxalis lasiandra*, ou un peu après dans l'*Oxalis Deppei*, que
l'on aperçoit l'extrémité de ce pétiole produire successivement
les folioles, ainsi que je l'ai décrit plus haut.

La feuille se forme ainsi sous la protection de ses propres stipules, dont elle se dégage ensuite en s'allongeant pour arriver
au dehors. Il est donc évident qu'ici encore c'est la partie inférieure du pétiole et ses stipules qui apparaissent les premières :
il est également très manifeste, dans ce cas, que le pétiole proprement dit vient ensuite, et que le limbe se montre le dernier.

Je ferai remarquer ici une autre particularité de ces feuilles ;
c'est que, pendant leur formation, elles sont protégées par leurs
propres stipules, bien que celles-ci soient adhérentes au pétiole.
Ordinairement, quand une feuille a des stipules pétiolaires, elle

n'est pas protégée par ses stipules, mais par celles de la feuille qui la précède immédiatement, ainsi que cela a lieu pour les feuilles qui ont des stipules axillaires. Quand, au contraire, les stipules sont latérales et libres, elles protégent, pendant leur jeunesse, les feuilles auxquelles elles appartiennent.

La feuille des *Helleborus*, que je vais décrire maintenant, nous amènera aux feuilles *digitées* proprement dites. Celle de l'*Helleborus purpurascens* a cinq lobes principaux qui se subdivisent en quatre ou cinq lobules secondaires dentés. A son origine, elle forme autour du mamelon qui termine la tige, un bourrelet plus proéminent d'un côté, qui, en s'élevant, se couronne par trois lobes renflés, arrondis au sommet (fig. 102, pl. 23); le lobe médian est plus allongé que les deux autres et plus âgé qu'eux. Les lobes et la gaîne s'accroissant, celle-ci, dont la base seule embrassait dans le principe tout le pourtour de l'axe, s'élargit et enveloppe bientôt tout le mamelon terminal (fig. 103). Pendant cet élargissement de la gaîne, deux autres lobes *d, d* naissent de son sommet, et les lobes antérieurement formés se ramifient *b, b', c, c'*. Chacun de ces trois lobes supérieurs émet de chaque côté un lobe secondaire qui se bifurque à son tour. Cependant les deux derniers lobes formés se bifurquent aussi, et chacune de leurs deux divisions se partage également en deux; une dernière bifurcation s'opère quelquefois dans quelques uns de ces lobes de second ordre. C'est vers l'époque de ces multiplications que le pétiole proprement dit s'interpose entre la gaîne et le limbe, dont les divisions deviennent dentées.

La feuille de l'*Helleborus odorus* a aussi cinq lobes principaux: elle est moins subdivisée que la précédente. Le lobe supérieur reste entier; ceux de la première paire se bifurquent quelquefois; ceux de la seconde se bifurquent aussi, mais les branches infé rieures de la bifurcation se subdivisent seules en deux autres du troisième degré. La figure 101 montre que, dès le principe, la gaîne de cette feuille entoure complétement le sommet *a* de la tige.

Nous arrivons enfin aux feuilles digitées réellement compo sées, ainsi que les botanistes le comprennent, c'est-à-dire aux feuilles dont les folioles sont articulées au sommet du pétiole. De ce nombre sont les feuilles des *Carolinea*, des *Paratropia*, des *Æsculus*, des *Pavia*, etc.

J'aurais pu choisir pour exemple les feuilles des *Æsculus Hippocastanum*, qui sont des arbres les plus communs dans nos promenades ; mais les feuilles sont embarrassées dans leur jeunesse au milieu de longs poils tellement denses et mêlés qu'il est très difficile de les isoler. Il est préférable d'étudier des arbres plus rares qui ne présentent pas le même inconvénient. C'est pour cette raison que j'ai figuré le *Paratropia macrophylla*, et que j'ai cité le *Carolinea insignis*, et une autre bombacée imparfaitement connue, qui porte, dans les serres du Muséum d'histoire naturelle de Paris, où elle n'a pas encore fleuri, le nom de *Bombax pentaphylla*, bien que ses feuilles soient munies de sept à onze folioles. Cette plante m'ayant fourni les plus belles figures, c'est par elle que je commencerai ma description.

L'extrémité de sa tige est, comme à l'ordinaire, terminée par des feuilles de plus en plus petites, et le sommet de l'axe est quelquefois si réduit qu'il est à peine visible. Alors la plus jeune feuille consiste en une proéminence plus volumineuse que lui (fig. 59, pl. 22, *b"*) ; elle est terminée par un petit mamelon, rudiment de la foliole médiane ou terminale. En s'élevant, cette feuille s'épaissit de manière à former une masse un peu obovée, qui se couronne, de l'extérieur à l'intérieur, de petits mamelons, de chaque côté du premier formé, en suivant le pourtour de l'extrémité de cette masse, de manière à figurer un fer-à-cheval (fig. 58 et 59, *b*, *c*, *d*, *e*, et *b'*, *c'*, *d'*, *e'*.) Il s'en développe ainsi successivement de chaque côté jusqu'à cinq paires ; et, de même que les nervures du *Tropæolum majus*, elles sont d'autant plus jeunes qu'elles sont plus voisines de la face interne du pétiole, ou placées plus bas sur lui.

Il est donc évident que la formation de ces folioles des feuilles digitées a lieu de la même manière que celle des feuilles lobées digitinerviées dont j'ai parlé ; comme les lobes naissent de haut en bas chez ces dernières, de même, chez les feuilles digitées, les folioles paraissent du sommet à la base ou, ce qui revient au même,

de la circonférence au centre, de la face externe à la face interne du pétiole. Dans cette plante, les stipules sont nées longtemps avant les folioles inférieures, et je crois même qu'elles
sont apparentes avant la première foliole ou foliole terminale
(fig. 59, *s'*, *s"*, et fig. 58, *s*) (1). Les folioles, pliées longitudinalement sur leur face supérieure, sont pressées les unes contre
les autres en un faisceau dressé dans l'intérieur du bourgeon.

Dans le *Carolinea insignis*, qui n'a que cinq ou sept folioles, et
dans le *Paratropia macrophylla*, qui n'en a ordinairement que
cinq, les feuilles se forment comme dans l'exemple précédent.

Le *Paratropia* cependant offre quelques modifications dues
à l'existence de sa gaîne qui se développe comme dans les cas
ordinaires (fig. 60, *g*), à peu près comme dans les *Helleborus*, par
exemple. Sa vernation est différente aussi de celle du *Carolinea*.
Dans celui que j'ai décrit, les folioles pliées longitudinalement
sont appuyées côte à côte les unes contre les autres ; dans le
Paratropia macrophylla, la foliole supérieure est étalée (fig. 62, *b*)
et recouvre en partie les deux folioles latérales voisines *c*, qui,
étalées aussi, couvrent à leur tour les deux côtés supérieurs des
folioles les plus jeunes.

Ces folioles qui, dans la feuille adulte, sont arrondies ou
légèrement obovées, un peu échancrées au sommet, sont au
contraire très aiguës et lancéolées dans leur premier âge. Il en
est de même de celles du *Carolinea insignis :* ses folioles adultes
sont élargies au sommet, arrondies et terminées par un acumen
court qui se recourbe en dessous ; la base, au contraire, est lon-
guement cunéiforme ; et cependant, cette base a déjà un limbe
large d'un millimètre de chaque côté, qui diminue graduellement
vers le haut, et qui est muni de plusieurs nervures pennées très
marquées, quand l'extrémité supérieure est réduite à la nervure
médiane très aiguë.

Les folioles du *Trifolium lupinaster*, qui sont aussi au nombre

<hr>

(1) J'ai pu montrer aux commissaires de l'Académie des sciences une jeune
feuille de ce *Bombax pentaphylla* réduite à son pétiole commun, qu'aucun rudiment de folioles ne surmontait encore, et, malgré cela, elle était déjà munie de
ses stipules. (*Note de l'auteur.*)

de cinq, naissent suivant le même ordre que celles des trois plantes précédentes ; elles forment des lobes très obtus de moins en moins volumineux du sommet vers la base, ou mieux de l'extérieur à l'intérieur, qui couronnent la lame ou le bourrelet par lequel commence la feuille. Ici, comme dans le *Bombax pentaphylla*, les stipules sont visibles avant les folioles inférieures ; mais ce fait est dans cette plante d'une vérification moins facile peut-être que dans le *Bombax* ou beaucoup d'autres plantes communes que je signalerai par la suite.

Les feuilles de tous les *Trifolium* (et peut-être toutes les feuilles trifoliolées) ont probablement une évolution analogue ; elles en diffèrent seulement en ce qu'elles n'ont que trois folioles, qui peuvent être regardées comme la terminale et les deux folioles latérales supérieures du *Trifolium lupinaster*, les deux inférieures ne se développant pas (1).

(1) Je placerai à côté des *Trifolium* une feuille plus simple encore, que les botanistes considèrent comme réduite à la foliole terminale d'une feuille composée. C'est celle du *Citrus histrix*, de l'*Oranger*, etc., dont la foliole ou le limbe (fig. 76, *l*) est articulée à l'extrémité du pétiole dilaté en phyllode *p*. Je la place ici, bien que je ne sache pas précisément si elle appartient à la série basipète plutôt qu'à la série basifuge, n'ayant pas de terme de comparaison pour la formation de la foliole. Quoi qu'il en soit, voici l'évolution de cette feuille.

Le bourgeon est tout à fait dépourvu d'organes protecteurs ; les jeunes feuilles, qui sont fort étroites, sont simplement courbées les unes sur les autres sans se recouvrir (fig. 75, *l*, *l'*). Elles ne consistent dans l'origine qu'en un mamelon qui s'allonge comme à l'ordinaire. Quand il a acquis une certaine longueur, il s'épaissit en haut et en bas, laissant un rétrécissement dans la partie moyenne (fig. 73). Ce rétrécissement est l'articulation naissante. On a le pétiole *p* au-dessous, et le limbe *l* ou plutôt la nervure médiane au-dessus. Des bourrelets longitudinaux se voient bientôt sur les deux côtés du pétiole (*p*, fig. 74) et de la nervure médiane (*l*, fig. 74). Ils ne se prolongent pas jusqu'à la base du pétiole ; ils s'étendent, au contraire, de l'articulation au sommet de la nervure médiane. Il va sans dire que les bourrelets du limbe sont distincts de ceux du pétiole dès le principe, et ces derniers paraissent avoir commencé un peu avant ceux de la nervure médiane. Ceux-ci ne forment encore que deux renflements longitudinaux séparés par un sillon très étroit (fig. 74, *l*), quand les autres sont déjà plus proéminents et plus nettement dessinés. Des poils et des glandes se développent çà et là, et la feuille prend graduellement la forme qu'elle doit conserver. (*Note de l'auteur.*)

La famille des Rosacées présente aussi des plantes à feuilles digitées, à formation basipète par conséquent. Nous avons déjà vu que les feuilles de certains *Spiræa* se rangent dans la série basifuge.

Les feuilles des Rosacées qui n'ont que trois folioles se développent comme celles des *Trifolium* ; celles qui en ont cinq présentent deux modifications ; ou bien les cinq folioles sont indépendantes les unes des autres : alors elles naissent toutes comme celles du *Trifolium lupinaster*, immédiatement du sommet du pétiole ; ou bien les deux folioles inférieures ne sont que des ramifications des deux latérales supérieures. Elles se développent alors comme des lobes de celles-ci ; ce qui n'intervertit pas, du reste, l'ordre basipète de la formation (plusieurs *Potentilla*).

Dans le *Ficus Carica* et les *Acer platanoïdes, pseudo-platanus*, etc., bien que la formation des nervures digitées soit basipète, ou de haut en bas, les ramifications de ces nervures naissent d'après le développement basifuge, c'est-à-dire de bas en haut. Dans quelques *Potentilla*, au contraire, dans le *P. reptans* par exemple, et peut-être dans toutes les espèces de ce genre, la nervation des folioles, ou, ce qui revient au même, l'apparition des dents, a lieu suivant le développement basipète, c'est-à-dire de haut en bas, comme celui des folioles elles-mêmes. Les figures fournies par le *Potentilla reptans* montrent divers degrés de cette évolution remarquable.

Les folioles naissent de haut en bas, ainsi que le font voir les figures 63, 64 et 65. Dans la figure 63, la jeune feuille n'a que trois lobes ou folioles rudimentaires : la foliole terminale *b* et les folioles de la paire supérieure *c, c*. Dans la figure 64, la petite feuille a une foliole de plus *d* ; c'en est une de la paire inférieure, la correspondante n'était pas encore apparue sur le côté opposé. Dans la figure 65, les cinq folioles existent, et l'on pourra remarquer que les supérieures sont beaucoup plus développées que les deux inférieures ; que les premières *b, c, c* sont déjà pliées longitudinalement, et marquées de dents obtuses qui naissent près de leur sommet ; tandis que les inférieures *d, d* sont beau-

coup plus courtes et encore planes. La naissance des dents
qui correspondent aux nervures secondaires pennées des folioles,
est encore indiquée par les figures 66 et 67. Dans la figure 66,
la feuille est vue de profil; ses folioles c, d sont munies chacune
d'une grosse dent obtuse c', d', qui est la nervure secondaire
supérieure de chacune d'elles. La figure 67 représente une feuille
un peu plus avancée et vue de face. Les folioles, pliées longitudinalement sur leur face supérieure, sont disposées de manière
que les folioles de la paire supérieure sont appliquées sur les
côtés de la foliole terminale, et que celles de la paire inférieure
recouvrent en partie celles de la première paire. L'une de ces
dernières folioles n'a encore que trois dents d, d', d''; l'autre foliole en a quatre d, d', d'', d'''; ces dents sont d'autant moins développées qu'elles sontplacées plus bas (1).

Je ferai remarquer ici que, dans le *Bombax pentaphylla*, les
folioles naissent à peu près toutes à la même hauteur, à l'extrémité du pétiole; qu'elles paraissent sur un plan un peu plus in-
cliné dans le *Paratropia macrophylla*, et que ce plan l'est davantage
encore dans le *Trifolium lupinaster*. J'insiste sur l'inclinaison de
ce plan pour montrer le passage des feuilles *digitées* aux feuilles
pennées-basipètes, dont je vais donner la description.

La famille des Rosacées nous offrira encore d'excellents exemples de cette dernière modification des feuilles. Le *Sanguisorba officinalis* m'a fourni les figures 68, 69, 70 et 71. Près du
sommet de la tige naît un bourrelet épais (fig. 68, r), qui n'embrasse guère que la moitié de celle-ci a, mais qui s'étend peu à
peu tout autour en s'accroissant. Il forme en cet état une forte
lame concave du côté interne (fig. 69), à l'extrémité de laquelle
quelques dents arrondies b, c, d ne tardent pas à se montrer;
l'une d'elles b est médiane et plus forte que les autres, c'est celle

____

(1) Les feuilles simples de quelques arbres, appartenant aussi à la famille des
Rosacées, ont un développement analogue à celui des folioles du *Potentilla reptans*, etc.: ce sont celles du *Photinia glabra*, du *Cerasus duracina*, etc. Leurs
dents, en effet, apparaissent du sommet à la base du limbe; et leurs nervures secondaires sont pennées comme celles du *Potentilla*, toutes de même ordre, par
conséquent. (*Note de l'auteur.*)

du sommet : elle est formée par l'extrémité du jeune pétiole ou, si l'on aime mieux, de la gaîne : celle-ci, en effet, n'est que la base du premier : les autres se sont développées sur chacun de ses côtés *c c, d, d.* Il en naît ainsi cinq de chaque côté et de haut en bas (fig. 71), pendant que la gaîne, ou plutôt le pétiole, s'élargit et s'allonge ; car ce qui alors ressemble à une simple gaîne est le rudiment du pétiole canaliculé. Celui-ci se dilate plus à la partie inférieure que vers le sommet, et cette dilatation de la base est déjà sensible vers l'apparition de la deuxième ou de la troisième paire de folioles (fig. 69, *s, s*) ; c'est que cette partie inférieure doit constituer la gaîne proprement dite (ou plutôt des stipules imparfaites), et la partie supérieure le pétiole ou le rachis canaliculé.

Quand toutes les parties de la feuille sont formées, le rachis s'allonge, et les jeunes folioles s'éloignent les unes des autres. Ce n'est qu'à l'époque de cette élongation que l'on peut distinguer la feuille pennée basipète de la feuille digitée.

Dans les *Cephalaria procera, leucantha*, le *Valeriana officinalis*, les *Rosa*, le *Melianthus major*, etc., les folioles ou les lobes sont aussi distribués le long du rachis comme les barbes d'une plume ; mais elles deviennent pennées en sens inverse de celles du *Gleditschia ferox*, du *Staphylea pinnata*, du *Spiræa sorbifolia*, du *Ruta graveolens*, etc. Celles-ci le sont devenues par la formation basifuge, ou de bas en haut ; celles-là (les *Cephalaria, Valeriana*, etc.) par la formation basipète, comme celle du *Sanguisorba officinalis*.

Dans les *Cephalaria*, les feuilles sont opposées et confluentes par la base ; aussi commencent-elles par un bourrelet circulaire (pl. 23, fig. 104, *g*) qui entoure le sommet de l'axe *a*. Sur deux points opposés de ce bourrelet s'élève une protubérance (fig. 105, *b, b*) qui s'allonge en s'inclinant vers l'axe. Alors on voit, de chaque côté de la face interne de ces proéminences, se dessiner des dents qui apparaissent successivement de haut en bas.

Dans la figure 106, l'une des feuilles *b, b* n'a encore qu'une dent de chaque côté, au-dessous du lobe terminal ; l'autre feuille en est tout à fait dépourvue. Les feuilles de la figure 107 en ont trois *c*, *d*, *e* de chaque côté ; et celles de la figure 108 en ont cinq paires *c*, *d*, *e*, *f*, *h*, au-dessous du lobe du sommet. Il devient évident, par l'examen des faits que représentent ces figures, que les dents ou lobes s'ajoutent de haut en bas, puisque, à mesure que leur nombre augmente, les supérieurs sont de plus en plus avancés dans leur développement, et que les inférieurs, au contraire, sont d'autant plus petits et de tissus d'autant plus délicats que ces lobes sont insérés plus près de la gaîne *g*, qui est née la première, comme l'indiquent les figures 104 et 105.

Il y a ordinairement cinq paires de lobes dans le *Cephalaria procera*. Quand ils sont tous ébauchés, la feuille continue son développement en se dilatant dans toutes ses parties, et en s'accroissant beaucoup par la base. La gaîne, qui est la première apparente, reste d'abord très courte ; elle s'allonge ensuite en même temps que le pétiole et le limbe.

Dans le *Cephalaria procera*, les lobes de la feuille sont denticulés ; dans le *Cephalaria leucantha*, ces lobes sont profondément dentés, et les supérieurs le sont déjà quand les inférieurs sont à peine visibles.

Le *Valeriana officinalis* a tantôt les feuilles opposées et tantôt les feuilles alternes. Dans les jeunes pieds que j'ai eu l'occasion d'examiner, ceux qui avaient les feuilles opposées étaient terminés par une inflorescence ; ceux, au contraire, qui avaient les feuilles alternes finissaient par un bourgeon. Ces derniers seuls ont pu me servir dans mes études sur la formation des feuilles ; sur les autres, ces organes étaient toujours trop avancés.

Dans ces tiges à feuilles alternes, j'ai trouvé l'axe couronné par un bourrelet proéminent d'un côté. La proéminence en s'allongeant s'est creusée sur la face interne, et des dents sont nées sur les côtés, de la même manière que dans les *Cephalaria*. Ces dents ou mamelons sont autant de lobes rudimentaires de la feuille. Le lobe supérieur était déjà bordé de petites glandes, lorsque les lobes inférieurs ne faisaient qu'apparaître.

Dans le *Rosa arvensis*, les folioles se développent dans le même ordre que dans les plantes que je viens de citer ; les supérieures naissent les premières (fig. 109, *b*, *c*, *d*, et fig. 110, *b*, *c*, *d*, *e*) ; mais les *Rosa* sont munis de stipules, qui, dans le *Rosa arvensis*, sont nées avant les folioles inférieures. On reconnaît par la figure 109 que les stipules sont beaucoup plus avancées que les folioles de la seconde paire, qui sont placées immédiatement au-dessus d'elles ; et, par la figure 110, que les stipules *s* sont bien plus développées encore, bien que les folioles de la troisième paire ne soient indiquées que par un très petit mamelon utriculaire naissant. Je n'ai pu constater si les stipules existaient avant les folioles supérieures.

La feuille de *Melianthus major* se forme aussi d'après le type basipète ; elle commence près du sommet de la tige par une proéminence conique (fig. 170, *a*) un peu déprimée sur la face antérieure, et embrassant à demi le mamelon utriculaire *t* qui termine cette tige. Cette proéminence conique s'allonge en s'élargissant un peu ; elle forme une lame oblongue, épaisse, un peu creusée longitudinalement, dont la base, plus dilatée que le reste, entoure aux trois quarts le sommet de l'axe. La dilatation inférieure est l'origine de la stipule. Pendant qu'elle s'élargit et s'étend peu à peu autour de la tige (fig. 171 et 172, *s*), la partie supérieure du rachis produit de chaque côté, près de son sommet, de petites éminences arrondies, rudiments des premières folioles. Dans la figure 171, *a* représente la foliole terminale ; *b*, *b* la première paire des folioles latérales, et *c*, *c* l'origine des folioles de la seconde paire. Dans la figure 172, la dilatation stipulaire *s*, *s* est plus considérable que dans la figure précédente, et le nombre des folioles est aussi plus grand ; il est de quatre paires. On reconnaît que les folioles se manifestent de haut en bas ; en effet, en examinant des feuilles très jeunes, on voit ces folioles naître successivement par en bas, immédiatement au-dessus de la gaîne stipulaire ; les inférieures sont à peine sensibles (*e*, *e*, fig. 172), quand les supérieures sont déjà assez étendues.

Quand la feuille est arrivée à un certain degré de développement, que la gaîne stipulaire s'est prolongée tout autour de l'axe, un bourrelet transversal est produit vers la partie supérieure de la gaîne, sur la face interne du rachis (fig. 173 et 174), de manière que la stipule, qui, jusque-là, avait l'aspect d'une gaîne naissante, prend l'apparence d'une stipule axillaire, à mesure que ce bourrelet s'élève. En s'accroissant, cette stipule finit par cacher entièrement, par le rapprochement de ses bords, le sommet de la tige et la feuille qui en naît. On a alors un stipule axillaire connée au pétiole par sa base, et fendue longitudinalement sur sa face antérieure.

Pendant que la stipule se développait ainsi, les folioles, au nombre de trois, quatre, cinq ou six paires, s'accroissaient aussi. Leur limbe se repliait sur la face supérieure suivant la nervure médiane ; leurs nervures apparaissaient, et leurs dents se manifestaient sur leurs bords.

Je décrirai maintenant une feuille qui tient de la feuille digitinervïée et de la feuille pennée-basipète : c'est celle du *Spiræa lobata* (fig. 160, pl. 25). Sa partie supérieure est divisée profondément en cinq lobes principaux digités a, B, B, b, b, et sa partie inférieure porte cinq ou six paires d'ailes de moins en moins étendues c, d, e, f, h. Les plus grandes sont trilobées, et les plus petites plus ou moins profondément dentées.

Comme on peut en juger par la figure 159, le lobe terminal a, qui est le plus élevé, naît le premier ; de sa base naissent deux autres lobes B, B ; au-dessous de ceux-ci s'en développe une autre paire c, c. Pendant leur évolution, les deux précédents émettent des protubérances b, b, qui représentent deux de leurs lobules naissants. Enfin, au-dessous de la paire la dernière produite, s'en forme une autre paire indiquée par des tubercules commençants d, d. Les trois paires e, f, h, les plus petites de la figure 160, n'étaient pas encore apparentes, et cependant les stipules g, g étaient déjà très manifestes.

De même que la feuille du *Spiræa lobata* tient des feuilles *digitées* et des feuilles *pennées-basipètes*, de même celle du *Centaurea Scabiosa* tient des feuilles *pennées-basipètes* et des feuilles *pennées-basifuges* ; en effet, les lobes inférieurs se forment de haut en bas, et les lobes supérieurs de bas en haut.

Tel doit être probablement le mode de développement de beaucoup de feuilles lobées de la famille des Composées. Dans un grand nombre d'entre elles, il est très difficile à observer, à cause de la présence des longs poils qui protègent les organes pendant leur jeunesse; mais ce développement est facile à étudier dans le *Centaurea Scabiosa*.

Dans cette plante, la protubérance utriculaire arrive quelquefois jusqu'à 2/3 de millimètre avant de commencer à se diviser; elle est alors creusée en gouttière sur la face interne. Vers les deux tiers de sa hauteur environ, une dent paraît de chaque côté; au-dessous d'elle s'en élève une seconde, puis une troisième. Vers cette époque ou un peu avant, il en naît une au-dessous de la première; la formation des dents continue alors par en haut et par en bas en même temps. Il s'en forme trois ou quatre vers le sommet, et un plus grand nombre vers la base, dans l'ordre indiqué par la figure 150, de *a* en *b* et de *a* en *c*.

Le *Barkhausia taraxacifolia* offre le même phénomène. Une éminence s'élève près du sommet de l'axe; plane sur la face interne, elle grandit; d'abord plus élargie à sa base, elle se dilate un peu à son extrémité supérieure, qui est séparée de la partie inférieure par un léger rétrécissement. Les dents se développent ensuite; il en naît quelquefois jusque sur la gaine ou base élargie du pétiole.

La feuille du *Taraxacum Dens-leonis* me paraît se comporter à peu près de la même manière.

Ces derniers exemples, c'est-à-dire les feuilles du *Centaurea Scabiosa*, du *Barkhausia taraxacifolia*, du *Taraxacum Dens-leonis*, etc., et celles du *Ficus Carica*, des *Acer*, etc., appartiennent à ce que j'ai appelé la *formation mixte*.

A la formation *basipète digitée* et à la formation *basifuge pennée* s'en lie une autre que j'appellerai *formation parallèle*.

Elle appartient à beaucoup de plantes monocotylédones, et se rattache à la formation basipète digitée par l'évolution des feuilles du *Chamærops humilis*, de celles du *Carludovica palmata*, et probablement de toutes les feuilles flabelliformes des Palmiers. Elle se rapproche, au contraire, de la formation basifuge par les feuilles du *Chamœdorea martiana*, et peut-être aussi par celles des autres Palmiers à feuilles pennées. Ce *Chamærops* et ce

Chamædorea étant les seules plantes de la famille que j'aie eues à ma disposition, je n'ai pu étendre davantage mes observations.

Dans le *Chamærops humilis*, de même que dans les plantes à feuilles engaînantes, toutes les feuilles sont successivement emboîtées dans la gaîne les unes des autres; et il est excessivement difficile d'arriver jusqu'aux plus jeunes feuilles. J'ai été contraint de m'arrêter à une feuille d'un demi-millimètre de longueur; mais je suis allé assez loin pour voir le développement de toutes les parties du limbe. Cette feuille de demi-millimètre était déjà munie de sa gaîne (pl. 24, fig. 115, *g*), qui renfermait dans son intérieur deux feuilles plus jeunes *a*, *b*, dont on apercevait l'extrémité. Cette gaîne se prolongeait du côté externe en une protubérance *p*, rudiment du pétiole ou rachis, à la face interne duquel s'élevait une légère éminence ou bourrelet transversal *i*, origine de la *ligule*, comme nous le verrons plus loin; en sorte qu'il existait entre celle-ci et le sommet du rachis une dépression ou un sillon transversal, d'où semble sortir le limbe un peu plus tard. Ce dernier couvre d'abord cette dépression et la face interne de la partie supérieure du rachis (fig. 116, *l*). On remarque de très bonne heure les côtes qui correspondent aux lobes de ce limbe (fig. 116); mais elles sont enveloppées par une sorte de pellicule qui se revêt de poils, et qui les cache à une certaine époque, comme l'indique la figure 117 en *l*. Cette figure représente une feuille de 1 millimètre 1/2 de longueur.

A l'aide d'un scalpel très aigu, j'ai enlevé tous les poils de cette feuille, et avec eux la pellicule qui les portait. Sous cette pellicule, dont nous verrons plus tard la nature, je trouvai une surface arrondie divisée en côtes parallèles sur les deux faces antérieure et postérieure du limbe (fig. 118, *f*). La surface étant convexe, les côtes sont un peu plus courtes sur les côtés que vers le milieu. Elles sont alors toutes insérées à peu près sur le même plan horizontal; elles s'accroissent dans le même sens et s'élèvent parallèlement. Chacune des côtes de la face externe répond à la nervure médiane d'un lobe de la feuille. Les lobes latéraux sont quelque temps plus courts que les autres (fig. 121), mais peu à peu ils atteignent la même longueur (fig. 123, *f*).

Tant que la feuille reste enfermée dans la gaîne de celle qui l'a précédée, toutes ses parties sont d'un tissu très délicat ; mais aussitôt que le sommet parvient à l'air et à la lumière, il verdit, s'accroît promptement, et acquiert de la consistance. Le limbe est souvent dur, coriace, et renferme beaucoup de parties ligneuses, quand la base du pétiole, qui est contenue dans la gaîne, est d'une fragilité extrême. Aussi, est-ce cette partie inférieure qui s'accroît la dernière, et dans ce point que l'allongement persiste le plus longtemps.

J'ai dit plus haut que le limbe de la feuille du *Chamærops humilis* naît sous une pellicule revêtue de poils, que l'on peut enlever avec un scalpel ; que ce limbe se développe sur la face interne du rachis, sur une dépression formée en quelque sorte par deux bourrelets (fig. 115, *i, p*) : l'un antérieur *i*, duquel se détache la pellicule ou coiffe soulevée par l'accroissement du limbe ; l'autre postérieur *p*, plus grand ; il est constitué par le sommet du rachis, sur lequel on remarque aussi une cicatrice, même dans la feuille adulte. C'est le premier, bordé de quelques lambeaux de la coiffe, qui, par son développement, donne lieu à ce que M. Hugo Mohl a nommé la *ligule* des feuilles flabelliformes de certains Palmiers.

Le *Chamædorea martiana*, qui, par ses feuilles pennées, lie la *formation parallèle* à la *formation basifuge* et à la *basipète pennée*, va nous dévoiler des faits non moins intéressants que ceux que nous avons observés dans le *Chamærops humilis.*

Si, à l'examen d'un bourgeon de cette plante, nous procédons comme nous l'avons fait jusqu'ici, c'est-à-dire si nous allons des parties plus âgées aux plus jeunes, nous observerons d'abord que toutes les folioles d'une feuille épanouie adulte ont à peu près la même grandeur ; mais que celles des feuilles encore resserrées, et renfermées en partie dans la gaîne, sont d'étendue fort inégale ; les supérieures sont fort longues et arrivées à leur développement presque complet, tandis que les inférieures n'ont que 3 ou 4 millimètres de longueur. On sera porté à croire par là que les supérieures sont les plus vieilles ; mais, si l'on porte plus loin ses investigations, on trouvera dans les plus jeunes feuilles une disposition qui paraît inverse de celle-ci : la partie supérieure de la feuille est beaucoup plus amincie et plus réduite que la partie voisine de la base.

La formation singulière de ces feuilles mérite que je m'y arrête davantage.

En séparant successivement du bourgeon les feuilles les plus âgées, qui renferment dans leur gaîne la base des feuilles plus jeunes qu'elles, on arrivera bientôt à une feuille dont le pétiole sera parfaitement fermé, et ne présentera plus rien à l'extérieur qui rappelle une feuille engaînante ; il est de plus tout à fait cylindrique. En examinant avec beaucoup d'attention cependant, on distinguera la partie supérieure de la gaîne qui est complétement close jusqu'à son sommet. Si on la découpe avec précaution à l'aide d'un scalpel, si on l'enlève par petits morceaux, on trouvera dans son intérieur un corps cylindroïde qui va s'atténuant vers le sommet ; il est long quelquefois de 16 centimètres, et très uni dans toute son étendue. Ce corps, malgré cette apparence simple, est une feuille composée très avancée dans son développement ; elle a toutes ses folioles, mais celles-ci sont tellement comprimées les unes contre les autres, qu'elles semblent agglutinées entre elles et ne faire qu'un tout, sans parties distinctes à l'œil nu. Pour découvrir les parties qui le composent, les folioles, le rachis, le court pétiole et sa gaîne, il faudra le tordre en le pressant entre les doigts. Les folioles se séparant peu à peu, leurs commissures deviendront visibles (pl. 24, fig. 128, *f, f'*) ; on pourra alors achever leur séparation en s'aidant d'un scalpel que l'on fera glisser dans ces commissures. Je ferai observer qu'en arrivant à l'extrémité de chacune d'elles, on éprouvera de la résistance, et pour compléter la séparation, il faudra couper une sorte de filet *s* qui unit le sommet à la foliole voisine.

La torsion devra être exercée avec précaution, principalement à la partie inférieure ; car celle-ci, étant d'un tissu beaucoup plus délicat, se casse facilement.

Cette dissection de la jeune feuille démontrera que les folioles supérieures sont bien plus allongées que les inférieures : les pre-

mières ont jusqu'à 13 centimètres de longueur (fig. 128, *f*),
tandis que les secondes n'ont guère que 3 millimètres *f*'. Celles-
ci ne constituent que de simples écailles ovales ; celles-là sont de
longues folioles linéaires. Elles sont au nombre de douze à qua-
torze de chaque côté, et sont insérées sur un rachis court
(fig. 127), de 3 centimètres environ depuis la base des folioles
inférieures *f*' jusqu'à l'insertion des supérieures *f*.

Les deux rangées de folioles étant tournées du même côté
(fig. 128, *f*. *f*'), et celles-ci imbriquées de manière que celles d'en
bas recouvrent en partie celles d'en haut, le rachis n'est visible
que par le dos (fig. 127).

Au-dessous des folioles inférieures est une sorte de stipe long
de 8 à 10 millimètres (fig. 128, *p*), sur lequel on remarquera du
côté interne, vers les deux tiers de sa hauteur, une très petite
cavité *g* qui sera plus facilement découverte peut-être par l'em-
ploi de la loupe ; c'est là l'ouverture de la gaîne. Si donc, à partir de ce point, on dissèque ce qui est au-dessous, comme on l'a
fait pour la gaîne de la feuille précédente, on mettra à nu un
corps conique très singulier (fig. 126). Ce cône, extrait d'une
feuille dont les dimensions sont égales à celles que j'ai données
pour la feuille que je viens de décrire, c'est-à-dire 16 centimètres,
aura 3 millimètres 1/2 de longueur. Je n'ai pas besoin de dire
que c'est là une nouvelle feuille. Voici quelle est sa structure :
Vue par le dos, elle ne présente qu'une figure à peu près conique
et unie ; du côté opposé, au contraire, elle est partagée en deux
moitiés (fig. 126) : l'inférieure est cylindroïde *g*, échancrée au
sommet, et munie vers le milieu de l'échancrure de deux très
petites écailles, derrière lesquelles est l'ouverture de la gaîne.
Dans l'échancrure est assise la moitié supérieure conique ; cette
moitié se divise longitudinalement, sur la face interne, en deux
bourrelets épais *b*, *b*, qui divergent un peu vers la base, et qui
vont aussi en s'amincissant vers le sommet ; ce sont les deux
rangées de folioles en voie de formation. Chacun de ces bourrelets est strié transversalement de chaque côté de la crête sinueuse
qui le parcourt de sa base au sommet. Les stries ou sillons d'un
côté du bourrelet alternent avec les sillons de l'autre côté du

même bourrelet, et c'est là ce qui détermine la sinuosité de la crête brillante dont j'ai parlé.

Restons-en là pour le moment, nous reviendrons bientôt sur ce sujet. Cherchons des feuilles plus jeunes ; elles nous enseigneront l'origine de ce que nous venons d'observer. Ouvrons la gaîne de la feuille de 3 millimètres 1/2 que nous venons de voir ; nous en obtiendrons une autre qui aura 1 millimètre 1/4 environ. Ses deux rangées de folioles, un peu moins avancées que celles de la feuille précédente, seront relativement plus distantes l'une de l'autre par la base. Du sommet de la gaîne sortira l'extrémité de la feuille plus jeune, qu'elle renferme. Découvrons celle-ci qui n'a que deux tiers de millimètre. Elle sera moins développée encore dans toutes ses parties (fig. 125) ; ses bourrelets latéraux *b, b* ne seront marqués que de très légères stries ou dépressions transversales vers la partie moyenne, et elle laissera voir aussi le bout d'une autre feuille *a* au-dessus de sa gaîne *g*. Si nous isolons cette dernière comme les autres, voici ce que nous aurons sous les yeux : elle n'a que 1/4 de millimètre (fig. 124) ; sa gaîne, courte et épaisse, s'ouvrira par un large pertuis arrondi placé vers le milieu de la feuille, et qui permettra d'apercevoir le sommet dénudé de la tige *a*. Cette gaîne sera surmontée du rachis naissant ; mais celui-ci ne présentera plus aucune trace de folioles. Il est large et déprimé dans sa partie moyenne ; ses bords se renflent, et l'on ne remarque de chaque côté qu'un bourrelet *b, b'*, ou renflement si peu saillant, qu'il faut quelque attention pour l'apercevoir. Ces bourrelets sont l'origine des deux rangées de folioles ; mais ils ne sont marqués d'aucun sillon transversal ; rien n'annonce encore, par conséquent, la naissance de celles-ci.

Ainsi une feuille de *Chamœdorea martiana* commence, comme les feuilles pourvues de gaîne que nous avons vues jusqu'à présent, par la naissance de celle-ci, qui reste très courte pendant tout le développement du limbe. D'abord réduite à un simple bourrelet circulaire autour du sommet de la tige, elle est terminée obliquement d'un côté de son ouverture par une proéminence un peu déprimée sur sa face interne (fig. 124, *o*). Cette proémi-

nence, en s'allongeant en cône, produit près de chacun de ses
bords un bourrelet longitudinal *b, b'*. Ces deux bourrelets, plus
renflés près de la gaîne (fig. 125, *b, b*), où ils se terminent cependant en une pointe courte, se rétrécissent de plus en plus vers le
sommet du rachis. Ils sont primitivement unis ; mais leur accroissement fait naître à leur surface, à droite et à gauche de chacun
d'eux, des ondulations à peine sensibles. Les premières apparaissent sur le côté interne de chaque bourrelet, qui est primitivement plus large, dans l'origine, que l'externe, et elles se
montrent non pas auprès de la base, mais un peu au-dessus ;
elles se multiplient ensuite en gagnant le haut et le bas du
rachis.

Pendant que toutes les parties s'accroissent, ces légères ondulations, en se creusant, deviennent des sillons qui s'enfoncent insensiblement vers l'intérieur du bourrelet (fig. 126, *b, b*), et qui
finissent même par arriver au côté opposé sur la face externe, et
par y déterminer une rupture ; mais les sillons qui s'avancent
de cette face vers la face interne, cessent de se creuser avant
d'atteindre celle-ci, en sorte qu'il y a scission seulement aux
côtes de la face externe. Il résulte de là autant de folioles pliées
suivant leur nervure médiane qu'il y avait de côtes à la face
interne ; mais la séparation des folioles ne se fait pas dans toute
leur étendue ; elle s'arrête près du sommet, qui reste uni au côté
de la foliole placée au-dessus (fig. 128, *s, s*). Quand la feuille est
sortie de la gaîne, et que les folioles s'épanouissent, ce point
d'attache *s* se rompt, et le sommet des folioles devient libre.

L'union des folioles n'est pas telle dans tous les Palmiers : dans
le *Phœnix sylvestris*, le *P. dactylifera*, l'*Acrocomia sclerocarpa*, le
Phytelephas macrocarpa, le *Caryota urens*, le *Ceroxylon andicola*, etc., la pointe des pinnules est fixée à un cordon cellulo-
fibreux qui borde la feuille dans toute sa longueur, et qui retient
quelque temps les folioles unies après leur expansion. Ce cordon,
et les pellicules brunes qui recouvrent les feuilles à cette époque,
ont une même origine. Elles sont dues à une enveloppe au milieu
de laquelle s'organisent les folioles, et qui se dessèche et tombe
par petites plaques brunes.

On reconnaît déjà l'existence de cette enveloppe dans les très jeunes feuilles, au moment où les sillons des bourrelets longitudinaux des feuilles du *Chamædorea martiana*, par exemple, commencent à se manifester. Les folioles paraissent alors se former dans une substance translucide, d'aspect gélatineux, qui donne lieu à cette pellicule. Mais dans le *Chamædorea*, elle semble persister à la surface de la feuille, dont elle suit tous les contours pendant sa formation, pour y constituer l'épiderme ou une sorte de cuticule.

Tous les Palmiers n'ont pas leurs feuilles pliées dans le même sens : quelques uns les ont, comme le *Chamædorea martiana*, pliées sur la face inférieure (ex. : *Ceroxylon andicola*, *Areca rubra*, *Arenga saccharifera*, etc.) ; d'autres, quand la scission s'est faite aux côtes de la face interne et non à celles de la face externe, ont les folioles pliées sur la face interne (ex. : *Phænix dactylifera*, *sylvestris*, *Fulchiron senegalensis*, etc.). Il est d'autres Palmiers dont les folioles, plus larges, comprennent plusieurs plis de la lame primitive. De bons caractères peuvent être tirés de ces divers modes de plicature des folioles.

Le limbe des feuilles simples du *Geonoma baculum* se développe comme il suit : de même que dans le *Chamærops humilis* et le *Chamædorea martiana*, la gaîne est la première partie formée ; elle se prolonge d'un côté en un rachis (fig. 129, *b*) qui donne naissance à un limbe lancéolé, élargi à la base, et qui se plisse d'abord dans la partie inférieure (fig. 130, *l*) ; les plis s'étendent à mesure que la feuille grandit, et la partie supérieure se fend pour former les deux lobes terminaux.

Dans le *Carex riparia*, de même que dans les cas précédents, la feuille commence par la gaîne ; celle-ci consiste d'abord en un bourrelet circulaire (fig. 131, *f*) qui s'élève davantage par un côté. Cette proéminence est l'origine du limbe. Celui-ci, en s'infléchissant de tous les côtés vers l'axe, l'entoure quelquefois comme un capuchon *f*' ; mais il se dilate bientôt, s'écarte et s'élève verticalement (fig. 132, *f*).

La partie inférieure du limbe s'accroît dans une proportion beaucoup plus considérable que la partie supérieure, qui finit même par rester stationnaire ; aussi, sur des feuilles de 3 millimètres de longueur, le sommet est-il garni de dents serrées (*dentes serrati*) et nombreuses (fig. 133, *d*), quand il n'en existe pas encore à la base ; elles sont d'autant moins avancées en développement qu'elles sont placées plus bas sur la feuille *d*, si bien, qu'ainsi que je l'ai dit, il n'y en a pas à la partie inférieure du limbe de ces très jeunes feuilles. En effet, c'est par cette base que se fait principalement l'accroissement ; elle est obligée de s'étendre à mesure que le bourgeon qu'elle environne grossit, et elle est à l'abri des agents atmosphériques.

Pendant une grande partie de ce développement de la feuille, la gaîne (fig. 132 et 133, *g*) reste si réduite, si courte, qu'il faut la plus grande attention pour la découvrir.

Dans l'*Iris germanica*, la gaîne est aussi la première partie visible ; elle consiste aussi en un bourrelet (fig. 134, *f'*) qui se renfle considérablement du côté du limbe *f*. Celui-ci, en se développant, encapuchonne peu à peu l'axe et les plus jeunes feuilles qui se forment après lui. Arrondi au sommet à son origine (fig. 134 et 135), il s'atténue insensiblement en une pointe excentrique (fig. 136 et 137, *b*), c'est-à-dire plus rapprochée du côté externe que du côté interne. Pendant que la feuille s'élève, cette irrégularité du limbe s'efface (fig. 138 et 139, *f*), et la courte gaîne laisse toujours passer une partie de la feuille qu'elle emboîte *f*. C'est donc bien encore ici la gaîne qui se forme la première ; ce que les botanistes appellent la partie soudée du limbe (1), le sommet de la feuille, par conséquent, ne vient qu'ensuite.

Dans le *Carex riparia* et dans l'*Iris germanica*, les nervures du milieu sont plus longues que celles des côtés. Il en est de même dans les Graminées ; elles offrent par leur parallélisme et leur développement la plus grande ressemblance avec les divisions des très jeunes feuilles du *Chamærops* et du *Carludovica palmata*. Cette ressemblance est surtout frappante dans les très jeunes feuilles de certaines Graminées, telles que celles du *Gly-*

(1) Il n'y a point ici de soudure : la feuille naît telle que nous la connaissons.

(Note de l'auteur.)

ceria aquatica. Chaque nervure principale paraît représenter une division du limbe du *Chamærops;* en sorte qu'une feuille de Graminée, etc., peut être comparée à une feuille de ce végétal dépourvue de pétiole, et dont le limbe ne se serait pas divisé. Ces feuilles des plantes monocotylédones ne doivent donc pas être considérées comme des pétioles dont le limbe serait avorté, comme l'ont pensé quelques botanistes éminents.

Dans le *Glyceria aquatica*, un bourrelet non interrompu entoure aussi l'axe au début de la feuille (fig. 145. *f, f', f''*). Il devient plus proéminent d'un côté (fig. 146 et 147), et le limbe s'élève comme celui du *Carex riparia*, c'est-à-dire que l'accroissement est plus considérable par en bas qu'à la partie supérieure.

Il est difficile de s'assurer de l'époque précise à laquelle la ligule paraît, parce que la feuille est extrêmement jeune quand elle commence à se montrer, et parce que, quand on veut ouvrir la feuille, elle se rompt circulairement près de la ligule, de manière que la déchirure éloigne toute certitude à l'égard de l'époque précise de la naissance de celle-ci. Je l'ai vue bien conformée dans une feuille de *Glyceria aquatica* de 3 millimètres de longueur.

Dans quelques unes de ces plantes monocotylédones à nervures parallèles, j'ai pu constater que les nervures médianes sont plus âgées que les nervures latérales, ce qui rapproche encore la *formation parallèle* de la *formation basipète;* mais ce qui distingue ces deux modes de formation des feuilles, c'est que j'ai bien constaté aussi, dans l'*Arundo donax* par exemple, etc., qu'entre les premières nervures formées s'en développent d'autres à mesure que la feuille s'élargit. Ce phénomène s'observe surtout avec facilité vers la base de la gaine des jeunes feuilles de la plante que je viens de citer.

Le développement du *Tradescantia zebrina* ne diffère pas notablement de celui du *Carex*, etc., pour les circonstances générales. La gaine commence de la même manière par un bourrelet qui s'élève davantage d'un côté pour former le limbe. En grandissant, chacun des côtés de celui-ci s'enroule sur lui-même à l'intérieur jusqu'au moment de son épanouissement. Il forme d'abord une sorte de capuchon (fig. 140, *f*) autour du sommet de la tige ; ce capuchon se redresse (fig. 141, *f*), et les deux côtés se roulent sur eux-mêmes à l'intérieur (fig. 142 et 143), jusqu'à ce que l'extrémité supérieure du limbe arrivant au dehors commence à s'épanouir ; l'extension se continue ensuite de haut en bas à mesure que la base du limbe sort de la gaîne qui l'enfermait (fig. 144, *f*). Dans cette plante, non moins que dans le *Carex riparia*, il faut beaucoup de soin pour apercevoir la gaîne *g* dans une très jeune feuille (fig. 140, 141, 142 et 143, *g*). Dans le *Carex riparia*, elle forme une courte lame, largement échancrée au milieu (fig. 131, 132, 133, *g*) ; ici, elle n'est pas aussi caractérisée ; mais avec de l'attention, on parvient à la découvrir. Les jeunes feuilles sont couvertes de poils qui n'ont pas été figurés, et le sommet de la feuille, plus âgé que le reste, se colore de bonne heure en violet.

FORMATION DES STIPULES.

Avant de décrire l'évolution des stipules, il est bon de jeter un coup d'œil sur les positions diverses qu'elles occupent dans les plantes ; car cette position exerce une grande influence non seulement sur l'époque de leur apparition, mais encore sur la constitution du bourgeon, sur la disposition relative des feuilles et de leurs stipules dans l'intérieur de celui-ci.

Les botanistes divisent les stipules en deux sections principales : les stipules *latérales* et les stipules *axillaires*. J'ai trouvé des stipules qui n'occupent ni l'une ni l'autre de ces positions ; elles ne sont ni latérales, ni axillaires ; elles forment une troisième section, que j'appellerai *stipules extra-foliaires*. Ce sont les stipules des *Nelumbium*.

Dans le *Nelumbium luteum*, dont j'ai figuré diverses phases du développement à l'époque de la germination, dans mon mémoire intitulé : *Recherches anatomiques et organogéniques sur la* Victoria regia, *et structure comparée du* Nelumbium, *du* Nuphar *et de la* Victoria, qui fut présenté à l'Académie des sciences le 2 novembre 1852 ; dans le *Nelumbium*, dis-je, l'une des stipules est insérée au-dessous de la feuille et l'enveloppe complétement (fig. 152, *s'*) (1) ; l'autre stipule est opposée à la première , elle l'embrasse avec le bourgeon terminal (fig. 151, *s*, *s'*) ; ou bien, si l'on aime mieux, la stipule interne (*s'*, fig. 151) enveloppe la feuille *f* qui naît à son aisselle, et la stipule externe *s* qui lui est opposée enveloppe le bourgeon terminal et la stipule interne avec sa feuille.

Cette disposition peut donner lieu à une méprise ; on peut être porté à les considérer comme les écailles d'un pérule qui enserrent le bourgeon ; mais il n'en est rien, ce sont des stipules qui ont la plus grande analogie, à part leur position, avec les grandes stipules de quelques Artocarpées ou du *Magnolia grandiflora*, etc. Je ne sache pas d'ailleurs que les écailles d'un pérule soient quelquefois réduites à deux seulement. Non, ces grands organes protecteurs sont bien des stipules, mais des stipules *extrafoliaires*. En effet , si elles étaient des feuilles avortées , des écailles d'un pérule, elles ne pourraient pas être placées dans le même plan vertical que la feuille proprement dite, comme elles le sont toutes les deux , et immédiatement au-dessous d'elle comme la stipule supérieure.

Les stipules *latérales* se subdivisent en *caulinaires* et en *pétiolaires*. Les stipules caulinaires sont tout à fait indépendantes du pétiole ; elles sont attachées près de sa base, mais sur la tige ; et leurs bords internes ne se prolongent pas du tout dans l'aisselle de la feuille. Telles sont les stipules du *Tilleul*, des *Ulmus*, du *Galega officinalis*, des *Lathyrus*, etc. Dans quelques *Astragalus*, l'*A. Sieversianus* Pall. par exemple , etc., les stipules latérales sont connées derrière le pétiole ; dans l'*A. onobrychis*, au contraire, elles sont libres du côté du pétiole et unies du côté opposé.

Les stipules *pétiolaires* sont unies au pétiole dans une partie de leur longueur. Dans les *Anthyllis vulneraria*, *montana*, etc., les stipules sont si intimement unies avec lui, qu'il faut quelquefois le secours de la loupe pour en distinguer l'extrémité libre

(1) Dans les figures 151 et 152 , qui représentent des organes fort jeunes , les feuilles ne sont pas enveloppées entièrement par les stipules comme elles le sont plus tard. (*Note de l'auteur.*)

qui consiste en une si petite dent que la feuille semble pourvue seulement d'un gaîne. Dans les *Sanguisorba media*, *canadensis*, *dodecandra*, *tenuifolia*, *carnea*, cette dent n'existe même plus, la gaîne seule peut être observée.

Les *Trifolium*, les *Medicago*, les *Ononis*, etc., ont des stipules pétiolaires. Il en est de même de la plupart des Rosacées ; je dis la plupart, parce que beaucoup de *Spiræa* en sont complétement dépourvus ; ils n'ont même pas de gaîne.

Les stipules du *Trifolium montanum*, etc., établissent la transition des stipules *pétiolaires* aux stipules *axillaires*. Unies avec le pétiole, elles s'étendent sur sa face interne, et s'y terminent par deux dents, comme si elles étaient axillaires.

Dans les *Magnolia umbrella*, *Soulangeana*, etc., les stipules offrent le même aspect ; mais dans tout le genre, ainsi que dans le *Liriodendron*, et peut-être dans toute la famille, elles sont axillaires. Il en est de même de la stipule du *Melianthus major*, qui est même connée avec le pétiole dans une grande partie de son étendue, comme celles de quelques *Magnolia*.

Je considère aussi comme axillaires les stipules dont l'un des côtés est inséré dans l'aisselle de la feuille. Telles sont celles des *Ficus*, du *Broussonnetia*, des *Morus*, des *Celtis*, des *Artocarpées*, etc.

Je disais donc que, dans les *Magnolia umbrella*, *Soulangeana*, etc., les stipules sont unies entre elles et en partie avec le pétiole. Cette union avec le pétiole donne lieu à un phénomène digne d'être noté : c'est que les stipules étant plus persistantes que la feuille, le limbe se détache au-dessus de la partie connée avec les stipules, tandis que cette partie où la réunion a lieu ne tombe que plus tard avec ces organes.

Dans le *Magnolia grandiflora* les deux stipules ne sont point unies au pétiole et sont libres entre elles. Il en est de même dans le *Liriodendron tulipifera*.

Je ne dirai rien ici de l'*ochrea* et de la *ligule* des Graminées ; j'en décrirai plus loin le développement.

Telles sont les dispositions des stipules qu'il m'importait d'examiner. Suivant que ces organes affectent telle ou telle de ces formes, ils se comportent d'une manière différente dans le bourgeon.

En effet, toutes les fois que ces stipules sont réellement latérales et libres de toute adhérence avec le pétiole, elles recouvrent leur propre feuille, elles la protégent dans le bourgeon (*Tilia, Ulmus, Lathyrus, Orobus, Galega,* etc.).

Toutes les fois que j'ai vu les stipules unies au pétiole, elles n'enveloppent pas la feuille à laquelle elles appartiennent ; elles recouvrent le limbe de la feuille qui vient après elles, etc., et celui de leur propre feuille est protégé par les stipules de la feuille précédente. Dans ce cas, le limbe est ordinairement dressé et les folioles condupliquées. Dans cette circonstance les stipules jouent le même rôle que la gaîne, dont elles diffèrent fort peu, comme nous l'avons vu plus haut. Nous verrons aussi bientôt qu'il y a la plus grande analogie entre la formation de ces stipules pétiolaires et celle d'une gaîne ; cette analogie est telle qu'il est impossible de les distinguer dans le principe.

Je disais tout à l'heure que toutes les fois que les stipules sont adhérentes au pétiole, elles ne recouvrent point leur propre feuille. J'ai trouvé une exception à cette règle ; elle est offerte par les *Oxalis Deppei, tetraphylla, lasiandra*, et probablement par tous les *Oxalis* bulbifères. Nous avons vu précédemment que la jeune feuille de ces plantes se recourbe, qu'elle est enveloppée par ses stipules pendant l'évolution de ses folioles, et que ce n'est qu'après la formation de celles-ci qu'elle s'en dégage et s'allonge pour arriver au dehors.

Il est facile de concevoir que les stipules *axillaires* ne peuvent protéger la feuille à l'aisselle de laquelle elles sont placées, et qu'elles doivent, au contraire, recouvrir la feuille plus jeune qui vient immédiatement après elles.

Ce qui s'applique aux stipules axillaires doit se dire aussi de l'*ochrea*, qui enveloppe la feuille plus jeune qu'elle.

Dans les stipules *extrafoliaires* du *Nelumbium* déjà cité, j'ai dit précédemment que la stipule interne enveloppe la feuille seulement, et que la stipule externe, qui lui est opposée, embrasse le bourgeon et la stipule interne, à moins toutefois que leur propre feuille ne s'infléchisse comme celles des *Oxalis* que je viens de signaler.

Dans son Mémoire sur la formation des feuilles, M. Mercklin a émis sur la nature des stipules et sur l'époque de leur apparition des opinions qui ne sont pas confirmées par l'observation. Il a dit, ainsi que nous l'avons déjà vu, que le limbe de la feuille se forme de haut en bas, que le pétiole naît ensuite, et que les stipules paraissent non seulement après la partie inférieure du limbe, mais encore après la partie supérieure du pétiole (*Ann. des sc. nat*, 3ᵉ série, tome VI, page 239); que dans les feuilles composées, les stipules se forment après les folioles inférieures, qui, suivant cet auteur, sont *toujours les dernières produites.* « Les stipules des Dicotylédones, page 231, apparaissent *comme des parties de la lame foliaire;* mais plus tard, par suite de leur développement et de celui du pétiole, elles deviennent des organes distincts *n'ayant plus de connexion immédiate* avec la lame foliaire. »

Les faits que j'ai eu l'occasion d'observer ne s'accordent point avec cette manière de voir. En effet, si nous examinons ce qui se passe dans la formation de quelques feuilles composées à formation basifuge ou de bas en haut, nous trouverons que le rachis naît d'abord, qu'à sa base paraissent les stipules, et que les folioles ne se montrent qu'ensuite.

Dans le *Staphylea pinnata*, par exemple, dont les feuilles sont opposées, les feuilles naissent de chaque côté du sommet de l'axe comme deux éminences à peu près coniques, déprimées du côté interne (pl. 20, fig. 19, *f, f*). Elles ne sont point unies à leur origine par un bourrelet basilaire. A côté de chacune d'elles paraissent sur l'axe, près de leur base, deux petits mamelons (fig. 20, *s, s*) qui doivent constituer les stipules; au-dessus d'eux, mais sur le rachis *b*, naissent d'autres mamelons *c, c'*, qui sont les folioles inférieures de la feuille ; les autres, quand il en naît davantage, se développent plus haut, ainsi que je l'ai dit précédemment.

Dans le *Galega officinalis*, la naissance des stipules avant l'apparition des folioles est d'une vérification plus facile encore ; les

stipules forment d'abord, de chaque côté du rachis rudimentaire,
un bourrelet qui en s'élevant devient une écaille ordinairement
réniforme (fig. 11 et 13, *s*), quelquefois triangulaire, recouvrant
presque entièrement le jeune rachis. Celui-ci est uni, épais, presque cylindrique et appliqué sur le mamelon qui termine l'axe
(fig. 13, *f*). Ce n'est que postérieurement que l'on voit les
proéminences des folioles naître de la base au sommet du rachis *f*.
Les stipules croissent ensuite plus vite que la feuille qu'elles recouvrent dans le bourgeon ; mais quand toutes les parties de la
feuille sont ébauchées, celle-ci s'allonge et dépasse à son tour les
stipules.

Ce que je viens de dire du *Galega* et du *Staphylea* peut être
répété pour le *Spiræa Lindleyana* (fig. 17, *s*, *s*) et le *S. sorbifolia*.
Dans ce dernier, les stipules, qui sont largement lancéolées
(fig. 18, *s*, *s*), sont déjà grandes et garnies de dents profondes,
surtout au sommet, quand les dernières folioles *c* ne font que
paraître.

Le *Gleditschia ferox* présente le même phénomène que les
plantes précédentes ; le rachis de la feuille a quelquefois 1/2 millimètre de longueur, qu'il ne porte encore aucune trace qui annonce la naissance des folioles (fig. 27, *f*) ; et cependant, les
stipules *s* commencent à poindre ; mais au lieu de naître comme
dans le *Staphylea pinnata*, à côté du rachis de la feuille, elles se
développent ici sur la base même de celui-ci ; elles restent rudimentaires (fig. 28, *s*, *s*).

Celles des *Spiræa Lindleyana* et *sorbifolia* , qui prennent un
assez grand développement, naissent aussi sur la base du pétiole.

Dans le *Tilleul*, les stipules sont tout à fait indépendantes du
pétiole, comme celles du *Galega officinalis*, etc. Je ferai remarquer ici de quelle importance il est d'avoir égard à l'état stationnaire des bourgeons que l'on étudie, et à leur état de végétation, pour en déduire l'âge relatif de la feuille et de ses
stipules. Si l'on examine un bourgeon stationnaire, à la fin
de l'hiver, par exemple, avant que la végétation ait recom-
mencé, on trouve que l'axe de la feuille, qui seul existe dans
les plus jeunes organes, est enveloppé par les stipules, et

l'on est induit à en conclure que les stipules sont plus âgées que la feuille à la base de laquelle elles sont insérées. Si, au contraire, on a sous les yeux un bourgeon en activité, on reconnaît que les stipules et l'axe de la feuille naissent à peu près en même temps ; que, cependant, le rachis est plus élevé, ce qui semble indiquer qu'il est un peu plus vieux (pl. 21, fig. 29, *f*). Malgré cela, à cette première phase du développement de la feuille, les stipules, par un accroissement plus rapide, ne tardent pas à envelopper la feuille (fig. 31, *s*) qui, enfin, les dépasse à son tour, quand toutes ses parties sont formées.

Ainsi paraissent se développer aussi les stipules des *Ulmus campestris, fulva*, etc.

La formation des stipules *pétiolaires* de la plupart des Rosacées, par exemple, est bien différente de celle des stipules latérales libres que nous venons d'examiner. Je décrirai d'abord celle des stipules du *Potentilla reptans*.

Nous avons vu précédemment que les folioles de cette plante se développent suivant la formation basipète (de haut en bas), à l'extrémité d'une base élargie comme une gaîne commençante, qui environne le sommet de l'axe. Avant l'apparition de la seconde paire de folioles, cette base élargie (pl. 22, fig. 63, *s, s*), cette sorte de gaîne, qui est déjà le commencement des stipules, se renfle vers son sommet (fig. 64, *s, s*), à une certaine distance des folioles. Ce renflement augmente et s'accroît bientôt par sa partie supérieure de manière à constituer la partie libre des stipules (fig. 65, 66 et 67, *s, s*). C'est pendant le développement de celles-ci que s'est complétée la formation des folioles.

Le développement de la gaîne des *Sanguisorba officinalis, carnea, canadensis*, etc., qui sont dépourvus de vraies stipules, se fait à peu près de la même manière que celui des stipules du *Potentilla reptans*, avec cette seule différence que le rachis est plus allongé, et que la partie libre des stipules ne se développe pas.

Il en est à peu près de même dans le *Rosa arvensis*, mais l'axe est plus raccourci encore que dans le *Potentilla reptans*. Les feuilles du *Rosa arvensis* les moins avancées que j'aie eues à ma disposition, avaient déjà la foliole terminale *b*, fig. 109, pl. 23, et les deux paires supérieures des folioles *c*, *d* ; mais la dernière de ces deux paires était à l'état de simples mamelons utriculaires *d*. Les stipules *s*, placées immédiatement au-dessous, à leur contact, étaient beaucoup plus avancées qu'elles. Dans une feuille plus âgée (fig. 140), une troisième paire de folioles *e* s'interposait entre ces stipules *s*, qui étaient plus grandes, plus aiguës que dans la feuille précédente, et les folioles *d* dont j'ai parlé. C'est après la formation de ces dernières que le pétiole s'allongeant, les folioles et les stipules se trouvent séparées.

Dans le *Geranium pratense*, le phénomène serait le même, si, au lieu d'une feuille simple lobée, on avait une feuille composée. Dans beaucoup de *Trifolium*, un pétiole plus court se développe ; dans le *Trifolium lupinaster*, qui n'a pas de pétiole proprement dit, la séparation des folioles et des stipules n'a pas lieu.

Dans ces dernières plantes, le *Rosa arvensis*, le *Geranium pratense*, les *Trifolium* que j'ai examinés, la base élargie sur laquelle se développent les folioles et les stipules est si courte, que ces dernières semblent naître de l'axe.

Dans les *Mahonia aquifolium* et *fascicularis*, la base du rachis forme une gaine autour de l'axe et des plus jeunes feuilles (fig. 14 et 15, *g*), pendant le développement de bas en haut de ses folioles *c*, *c* ; cette gaine qui n'est, comme celle du *Potentilla reptans*, autre chose que les stipules pétiolaires, émet à son sommet de chaque côté une petite éminence (fig. 15, *s*, *s*), qui s'allonge insensiblement et forme ces longues stipules si grêles qui surmontent la gaine (fig. 16, *s*, *s*) du *Mahonia aquifolium*. J'ai vu commencer ces éminences entre l'apparition de la troisième et de la quatrième paire de folioles, mais la gaine paraît avoir commencé la première.

Les stipules pétiolaires des *Oxalis* ayant été décrites à la page 267, je ne m'en occuperai plus.

La formation des *vrilles stipulaires* des *Smilax* ne peut être séparée de celle des stipules pétiolaires ; car elles naissent à peu près de la même manière.

La feuille, à son origine, forme autour du mamelon qui termine l'axe un bourrelet qui embrasse les deux tiers ou les trois

quarts de cet axe (fig. 155, *f*, pl. 25) ; c'est la gaîne rudimentaire. Ce bourrelet devient proéminent d'un côté, et la proéminence, en s'accroissant, se penche au-dessus de l'axe en formant
une voûte oblique qui est le commencement du limbe *f*. De la
base de celui-ci, ou plutôt du sommet de la gaîne, naît de chaque
côté un petit mamelon (fig. 156, 157, 158, *s*) qui s'allonge pour
former la vrille, pendant que les autres parties se développent.

Les stipules pétiolaires me conduisent naturellement aux stipules axillaires et adhérentes au pétiole du *Magnolia Soulangeana, umbrella*, etc., et celles-ci aux stipules axillaires et libres
du *Magnolia grandiflora*, du *Ficus Carica*, etc.

Dans le *Magnolia grandiflora*, une protubérance s'élève au
sommet de l'axe ; elle est renflée par sa base du côté interne
(fig. 175). Si on l'examine de face, on voit la partie supérieure
grêle et la partie inférieure renflée marquées d'un sillon longitudinal (fig. 176, *f*, *s*), qui présage la formation du limbe en haut *f*,
et la naissance des stipules en bas *s*. J'ai toujours vu celles-ci rapprochées par leurs bords dès l'origine, et ne laissant point apercevoir le sommet de l'axe. Je parle ici du *Magnolia grandiflora*
seulement. La même chose a lieu dans le *Liriodendron tulipifera*.
Quelque jeunes que soient les dernières feuilles de cet arbre (et
je les ai vues aussi peu avancées que possible), j'ai toujours
trouvé les deux stipules conjointes ; elles s'élèvent ainsi en enveloppant la feuille et ses stipules qui naissent après elles (1).

Les stipules se développent à peu près de la même manière
dans le *Ficus Carica* ; cependant elles sont plus écartées dans
cette dernière plante : j'ai remarqué que la stipule qui recouvre
l'autre est souvent, dans le jeune âge, notablement plus avancée
que dans celle qui est recouverte (fig. 39, *s*, *s'*).

Les stipules du *Bombax pentaphylla*, Hort. par., paraissent de
très bonne heure. J'en ai constaté l'existence à la base d'un pétiole
avant le développement de la foliole terminale ou médiane, c'est-

<hr>

(1) Dans le *Liriodendron* et dans le *Magnolia*, la vernation est duplicative :
les feuilles sont pliées suivant la nervure médiane. Dans le *Magnolia grandiflora*,
il y a souvent des poils au sommet de la feuille quand il n'y en a pas encore à la
base. Ils s'avancent vers celle-ci en suivant la nervure médiane. (*Note de l'auteur.*)

à-dire avant la première foliole. Ces stipules, qui naissent de chaque côté du pétiole, sont un peu axillaires et écartées par la base ; elles se rapprochent l'une de l'autre par le sommet, et sont déjà très avancées quand les folioles inférieures de la feuille à laquelle elles appartiennent ne font que se montrer (fig. 58, *s*, et fig. 59 *s'*, *s''*, pl. 22).

L'*ochrea* des Polygonées que je n'ai point encore mentionnée, se range dans les stipules axillaires et se développe de la manière suivante. Je prendrai pour exemple celle du *Rumex Steudelii*.

La feuille de cette plante forme en naissant une proéminence (pl. 25, fig. 167, *r*, *r*, *r''*) prolongée autour de l'axe en un bourrelet continu *o*, qui s'élève avec la proéminence : celle-ci, très épaisse par la base, atténuée au sommet, est d'abord entièrement dépourvue de limbe et déprimée sur la face interne (fig. 167, *r*). C'est sur chaque bord de cette face interne que le limbe paraît comme un bourrelet délicat qui, en s'élargissant, s'enroule sur lui-même de chaque côté sur la face dorsale (fig. 168 et 169 *l*). Vers le moment où le limbe se montre, l'*ochrea*, qui jusqu'alors consistait dans le simple bourrelet que j'ai signalé autour de la tige, et qui adhérait à la base du pétiole dont il ne semblait être qu'un prolongement inférieur, s'élève sans adhérer à cet organe (fig. 168 et 169 *o*), recouvrant, à mesure qu'elles s'exhaussent, les feuilles formées plus à l'intérieur *f'*. Je dis les feuilles et non la feuille, parce que, dans le principe, l'*ochrea* de chacune d'elles est trop basse pour cacher la feuille qu'elle environne par la base (fig. 167, *o*, *o'*). Élargie à la base de l'organe, la cavité intérieure se resserre peu à peu, et finit par se contracter au point de ne plus former qu'une ouverture presque imperceptible qui probablement se ferme complétement.

Pendant le développement de cette *ochrea*, jusqu'au moment où elle s'ouvre pour laisser passer la feuille qu'elle enserre, elle renferme une matière gélatineuse, destinée sans doute à permettre aux organes qui sont emboîtés de glisser facilement les uns sur les autres.

Il est un autre organe que l'on a quelquefois comparé à l'*ochrea* des Polygonées, et qui peut être considéré comme une stipule axillaire adhérente ou connée à la base de la feuille, c'est la *ligule* des Graminées (pl. 24, fig. 149 c). Il est très difficile de déterminer d'une manière précise l'époque de son apparition, parce que l'on n'a pas de terme de comparaison, et à cause des déchirures qui s'opèrent quand on ouvre les jeunes feuilles. Cependant, je l'ai vue souvent réduite à une ligne transversale de quelques cellules qui s'élèvent à la jonction du limbe et de la gaine; elle est quelquefois si mince qu'il faut beaucoup d'attention pour la distinguer même à l'aide d'un grossissement de 250 diamètres.

Il est une autre stipule axillaire, connée au pétiole dans une partie de son étendue, qui a beaucoup d'analogie avec l'*ochrea*, c'est la stipule du *Melianthus major*; elle se développe, en effet, à peu près comme une stipule de Polygonée qui serait fendue longitudinalement sur la face antérieure; son évolution ayant été décrite à la page 276, il n'est pas nécessaire d'en reproduire ici la description.

Conclusions principales.

1° La tige est terminée par un mamelon utriculaire très délicat sur les côtés duquel naissent les feuilles.

2° Celles-ci se présentent d'abord sous la forme de mamelons plus petits, alternes, opposés ou verticillés.

3° Quand les feuilles opposées ou verticillées doivent être unies par la base, un bourrelet circulaire les précède sur l'axe.

4° Quand elles ne sont pas confluentes les mamelons sont isolés.

5° Quand les feuilles alternes sont engaînantes, ou bien la gaine commence par un bourrelet autour de la tige, ou bien le mamelon qui se montre d'abord s'élargit et finit par embrasser cette tige.

6° Les feuilles, qui toutes commencent par une éminence utriculaire primordiale, avec ou sans bourrelet basilaire, se forment d'après quatre types principaux, que je désignerai par *formation basifuge* ou de bas en haut, *formation basipète* ou de haut en bas, *formation mixte* et *formation parallèle*.

7° Dans la *formation basifuge*, toutes les parties se forment de bas en haut; si c'est une feuille pennée que l'on étudie, et qu'elle soit munie de stipules, le rachis de la feuille paraît le premier et sur ses côtés les stipules, puis la paire inférieure des folioles, ensuite la seconde paire, la troisième, la quatrième, etc.; enfin, le sommet du rachis produit une foliole terminale, ou il s'allonge en vrille, ou il reste stérile.

8° Si la feuille est *surcomposée*, le mamelon primordial ou rachis émet de chaque côté, en grandissant, des axes secondaires: ceux-ci des axes tertiaires, etc., suivant le degré de composition de la feuille, à l'extrémité desquels se forment les folioles.

9° La nervation des feuilles simples de cette formation se développe de bas en haut; les divers ordres de nervures naissent comme les divers ordres de rameaux ordinaires d'un arbre, et la formation des dents est subordonnée à celle des nervures extrêmes.

10° Dans les feuilles à *formation basipète*, tous les lobes ou folioles se forment de haut en bas; la foliole terminale naît la première, puis la paire la plus élevée, puis une seconde, une troisième, et ainsi de haut en bas.

11° Quand la feuille est munie de stipules, elles naissent avant les folioles inférieures, et, dans quelques cas, elles commencent même avant les supérieures.

12° Toutes les feuilles digitées et les feuilles digitinerviées appartiennent à la *formation basipète* pour ces nervures digitées.

13° Dans les plantes tout à fait *basipètes*, non seulement les folioles se forment de haut en bas, mais leurs nervures secondaires, leurs dents apparaissent de la même manière.

14° Dans quelques végétaux, les lobes des feuilles dont les nervures sont digitées se forment de haut en bas, mais leurs nervures secondaires, leurs dents se développent de bas en haut: c'est là un type de la *formation mixte*.

15° Chez d'autres plantes, les lobes de la moitié supérieure de la feuille se forment de bas en haut, tandis que les lobes de la moitié inférieure de la même feuille naissent de haut en bas: c'est un second type de cette *formation mixte*.

16° Dans la *formation parallèle*, toutes les nervures ou toutes les folioles se forment parallèlement; la gaine naît la première ainsi que dans tous les autres types ; et, à mesure que le bourgeon grossit, des nervures parallèles aux premières se forment entre elles.

17° Toutes les feuilles qui sont munies d'une gaîne considérable ou qui sont abritées, enveloppées inférieurement par d'autres organes, s'accroissent beaucoup plus par la base.

18° Toutes les feuilles dont le pétiole entier est exposé à l'air de très bonne heure par l'allongement de la tige, s'accroissent davantage vers la partie supérieure du pétiole. Cependant il y a un court espace près de l'insertion du pétiole sur le limbe, où l'allongement est moindre qu'un peu plus bas.

EXPLICATION DES FIGURES.
PLANCHE 20.

Fig. 1. *a*, sommet de la tige de l'*Hippuris vulgaris* L., montrant la naissance de plusieurs verticilles de feuilles *b*, *c*, *d*, *e*, qui ne sont encore formées que de petites proéminences utriculaires parfaitement isolées les unes des autres.

Fig. 2. *a*, sommet de la tige du *Rubia tinctorum* L. ; montrant deux verticilles *b*, *c*, de feuilles naissantes ; un bourrelet les unit par la base dès le principe ; *b*, *b'*, verticille plus âgé : des quatre proéminences qui le composent, les deux *b*, *b*, qui sont opposées, sont plus élevées et un peu plus âgées que les deux autres représentées par *b'*.

Fig. 3. *a*, sommet de la tige de l'*Hypericum calycinum* L., entouré par un bourrelet très légèrement renflé sur deux points opposés *f*, *f*, qui sont l'origine de deux feuilles ; *t*, portion de la tige.

Fig. 4. Cette figure représente le même phénomène que la précédente, mais plus avancé. *a*, sommet de la tige ; *f*, *f*, le même bourrelet dont les deux proéminences ou feuilles sont un peu plus âgées ; *t*, portion de la tige.

Fig. 5. *a*, sommet de la tige du *Nandina domestica* Thunb., entouré par la gaîne naissante d'une feuille, dont la partie plus proéminente *b* représente le rachis.

Fig. 6. Feuille plus âgée. *t*, portion de la tige ; *g*, gaîne ; *b*, rachis ou pétiole commun qui a déjà émis, de chaque côté, d'abord les deux ramifications inférieures *c*, *c*, et ensuite les deux *d*, qui ne constituent encore que de très petites éminences ; *a*, sommet de la tige.

Fig. 7. Feuille un peu plus jeune de la même plante, vue de côté. *g*, gaîne ; *b*, sommet du rachis ; *c*, premières ramifications de ce rachis ; *d*, secondes ramifications ; *t*, portion de la tige.

Fig. 8. Feuille plus avancée que les précédentes. *g*, gaîne ; *b*, sommet du rachis ; *c*, *c*, premières ramifications du rachis, avec leurs subdivisions *c'*, *c'*, qui naissent de bas en haut ; *d*, *d*, autres ramifications du rachis ; *a*, extrémité d'une feuille plus jeune renfermée dans la gaîne de la feuille précédente.

Fig. 9. Autre feuille du *Nandina domestica* plus avancée encore, et en partie tronquée pour ne pas trop compliquer la figure. *t*, portion de la tige ; *i*, insertion d'une feuille qui a été enlevée ; *b*, base du rachis ou pétiole commun ; *g*, gaîne ; *c*, *c*, première trifurcation du pétiole, dont un rameau est caché par les deux autres ; *d*, seconde trifurcation ; *e*, troisième trichotomie : la partie supérieure a été enlevée ; *f*, est une branche complète de la trichotomie, dont les derniers articles figurent les très jeunes folioles de la feuille.

Fig. 10. *t*, portion d'une tige de *Galega officinalis*; *p*, partie d'un pétiole ; *s*, l'une des stipules de ce pétiole, avec ses oreillettes fourchues *o* : *f*, jeune feuille contournée en crosse : ses folioles supérieures , qui sont les plus jeunes , sont aussi plus rapprochées les unes des autres que les inférieures ; *s'*, stipules de cette feuille.

Fig. 11. Extrémité de la tige du même *Galega*. *t*, portion de tige ; *s*, l'une des stipules qui cache en partie la feuille *f* ; *f'*, feuille plus jeune cachée aussi sous les stipules.

Fig. 12. Bourgeon précédent débarrassé des stipules des feuilles *f*, *f'* , dont on voit les insertions à leur base en *s*. Le pétiole commun ou rachis des feuilles *f*, *f'* est bordé du côté interne de dents ou mamelons qui représentent les folioles : elles sont d'autant plus petites et plus jeunes qu'elles sont plus rapprochées du sommet ; *f''*, *f''*, sont deux feuilles naissantes dont on n'aperçoit pas encore les folioles même inférieures , et cependant elles sont munies de leurs stipules *s'*, qui sont déjà assez avancées ; *a*, sommet de la tige.

Fig. 13. Autre extrémité d'une tige de *Galega officinalis*. *t*, portion de la tige ; *f*, feuille munie de chaque côté de deux mamelons ou folioles rudimentaires : le sommet en est dépourvu ; *f'*, feuille plus jeune sur laquelle on ne découvre pas encore de mamelons ou folioles rudimentaires ; *s*, une des stipules de cette feuille, elle est renversée ; *a*, sommet de la tige.

Fig. 14. Très jeune feuille de *Mahonia fascicularis*. *g*, gaine entourant le sommet de la tige *a* ; *c*, *c'*, folioles qui naissent de bas en haut de chaque côté du pétiole commun *b* ou rachis.

Fig. 15. Jeune feuille du *Mahonia aquifolium*. *g* , gaine surmontée par les stipules naissantes *s* , *s*, ou plutôt ce sont ces stipules unies au pétiole qui constituent la gaine ; *c*, *c'*, folioles qui naissent de bas en haut de chaque côté du pétiole commun *b*.

Fig. 16. Jeune feuille plus âgée du *Mahonia aquifolium*. *s*, stipules aciculaires ; *c*, *c'*, folioles pliées longitudinalement sur leur face supérieure ; *b*, foliole qui termine le pétiole commun.

Fig. 17. *f*, feuille très jeune du *Spiræa Lindleyana* (Wallich) encore réduite à son rachis. Elle est déjà munie de ses stipules *s*, *s*, et cependant ses premières folioles ne sont encore annoncées que par de très légères éminences, qui sont à peine visibles à la partie inférieure du rachis ou pétiole commun.

Fig. 18. *f*, feuille du *Spiræa sorbifolia* L. *t*, partie de la tige sur laquelle elle est insérée ; *s*, *s*, stipules de la feuille *f* : elles sont plus longues que la feuille et profondément dentées, tandis que les folioles supérieures *c* ou les plus jeunes sont à peine perceptibles.

Fig. 19. Partie la plus jeune d'un bourgeon de *Staphylea pinnata* L. *a*, sommet de la tige ; *f*, *f*, deux proéminences opposées , un peu déprimées sur la face interne. Elles représentent les pétioles ou rachis commençants de deux feuilles dont les stipules ne sont pas encore apparentes.

Fig. 20. Feuilles de *Staphylea pinnata* un peu plus âgées. *t*, portion de la tige sur laquelle reposent ces feuilles ; *b*, jeune pétiole commun sur les côtés duquel naissent les folioles *c*, *c'*, qui ne forment encore que de très petites éminences arrondies ; *c*, la plus grosse éminence , est plus âgée que *c'*, qui est à peine sensible sur l'une des feuilles , et dont la correspondante n'existe pas encore sur l'autre feuille. Il est clair aussi que les stipules *s*, *s*, sont plus âgées que les folioles rudimentaires *c*, *c'*.

Fig. 21. Très jeune feuille de l'*Helosciadium nodiflorum* Koch. Elle ne consiste encore qu'en la gaîne *g*, qui entoure comme un capuchon le sommet *a* de la tige. Cette gaîne, très courte en avant, est beaucoup plus développée du côté opposé. Elle est terminée par le rachis *b* de la feuille, qui est excessivement court.

Fig. 22. *f*, feuille plus âgée de la même plante; *g*, gaîne de la feuille enveloppant en partie une feuille plus jeune *f'*; *c, c'*, folioles rudimentaires qui naissent de bas en haut. Elles consistent seulement en proéminences arrondies de chaque côté du pétiole commun *b*.

Fig. 23. Feuilles plus avancées : la gaîne *g* enserre en partie la feuille plus jeune *f'*; la foliole supérieure *b* de la plus grande feuille est pliée longitudinalement sur sa nervure médiane. Les folioles latérales *c* sont étalées et imbriquées de manière que les inférieures recouvrent les supérieures. La foliole inférieure, qui est la plus âgée, est déjà pourvue de quelques dents sur ses bords; *t*, portion de la tige.

Fig. 24. Feuille d'*Helosciadium nodiflorum* plus âgée. *t*, portion de tige; *g*, gaîne; *c*, folioles étalées et imbriquées sur les côtés de la foliole supérieure *b*, qui est pliée longitudinalement sur sa face supérieure. Ces folioles sont dentées, et leurs nervures principales sont apparentes.

Fig. 25. Fragment d'une jeune feuille de *Ferula communis* L. *a*, rachis ou pétiole commun; *b*, premières ramifications de ce pétiole : elles sont bosselées latéralement, ce qui indique un commencement de ramification secondaire; *b'*, ramifications un peu plus jeunes; *b''*, ramifications tout à fait rudimentaires : elles ne forment encore que de simples mamelons utriculaires de la plus grande délicatesse près du sommet du rachis; *c, c', c''*, représentent deux nouvelles séries de ramifications opposées aux précédentes, et développées entre elles sur la face supérieure du rachis. Comme les premières, elles sont d'autant plus jeunes qu'elles sont plus rapprochées du sommet.

Fig. 26. Fragment d'une feuille un peu plus âgée. *a*, pétiole commun; *b, b*, premières ramifications qui commencent à se subdiviser de bas en haut; *b'*, ramifications de même ordre, mais plus jeunes : *b''*, ramifications naissantes; *c, c', c''*, représentent les deux séries intermédiaires déjà décrites dans la figure précédente. Les inférieures *c*, qui sont les plus âgées, forment un coude dont la proéminence est l'indice d'un commencement de subdivision.

Fig. 27. Extrémité d'un bourgeon de *Gleditschia ferox*. *t*, tige; *f*, feuille la plus jeune. Elle consiste en une simple écaille épaisse qui est l'origine du rachis : elle n'est point encore pourvue de stipules à sa base; *f'*, feuille plus âgée : elle est constituée par un simple rachis épais, un peu déprimé du côté interne ou supérieur, qui ne porte encore aucune trace de la naissance des folioles, mais qui est muni de stipules *s* à sa base; *f''*, feuille plus âgée encore : elle a des stipules *s'* plus avancées que les précédentes, et, au-dessus de celles-ci, des mamelons *a, b, c*, qui se développent à partir du bas de la feuille, de manière que l'inférieur *a* est le plus gros, le second *b* un peu moins fort, et le troisième *c* à peine sensible : la partie supérieure en est dépourvue. Ces mamelons représentant les folioles, il est clair que celles-ci apparaissent de bas en haut, et après les stipules *s'*.

Fig. 28. Feuille de *Gleditschia ferox* plus âgée que les précédentes. Toutes ses folioles *f, f*, sont pressées les unes contre les autres, et sont déjà munies d'un petit limbe crénelé. Le sommet du rachis, ou pétiole commun *v*, est garni de poils et dépourvu de limbe; il reste très court : c'est pourquoi la feuille de ce *Gleditschia* est paripinnée. Les stipules *s, s* ne suivent point le développement des folioles : elles restent rudimentaires.

PLANCHE 24.

Fig. 29. Feuille naissante du *Tilleul* vue de face. *t*, sommet de la tige ; *f*, feuille réduite à une proéminence utriculaire, de chaque côté de laquelle sont les deux stipules commençantes *s. s.*

Fig. 30. Partie la plus jeune d'un bourgeon de *Tilleul*. *f*, feuille la plus jeune, vue de profil et formant une proéminence un peu déprimée du côté interne ; *s*, stipule ; *f'*, feuille plus âgée, dans laquelle le pétiole *p* et le limbe sont déjà manifestes. Les deux côtés du limbe sont recourbés sur la face interne. Les stipules de cette feuille ont été enlevées.

Fig. 31. Autre extrémité d'un bourgeon de *Tilleul*. *t*, portion de la tige ; *a*, sommet de cette tige ; *f*, jeune feuille repliée sur sa face supérieure : la partie saillante A du limbe indique la formation de la première nervure latérale ou secondaire ; *s*, stipules revêtues de poils naissants : elles enveloppent déjà la jeune feuille à laquelle elles appartiennent.

Fig. 32. Jeune feuille du *Tilleul*. *p*, pétiole ; A, première nervure latérale ; B, deuxième nervure latérale commençant à paraître.

Fig. 33. Feuille de *Tilleul* plus avancée. *p*, pétiole ; A , première nervure latérale ; B, deuxième nervure ; C, troisième nervure ; *a, a', a''*, ramifications naissantes de la première nervure A ; *r*, sommet de la nervure médiane.

Fig. 34. Autre feuille plus âgée. *p*, pétiole ; A, première nervure latérale ; *a, a', a''*, ramifications de la nervure A ; B, deuxième nervure ; C, troisième nervure ; D, quatrième nervure ; E, cinquième nervure ; *r*, sommet de la nervure médiane ; *v*, poils. On voit que ces poils apparaissent du bas en haut de la feuille, et du bas au sommet d'une même nervure.

Fig. 35. Feuille de *Tilleul* plus âgée encore. *p*, pétiole ; A, première nervure latérale ou secondaire ; *a, a', a'', a''', a''''*, ramifications de la nervure A ; *x*, ramifications naissantes de *a* : ce sont des nervures quaternaires ; B, deuxième nervure secondaire ; *b*, première ramification de B ; *b'*, seconde ramification de B ; C, troisième nervure secondaire ; *c*, première ramification de C ; D, quatrième nervure secondaire ; *d*, ramification de D ; E, cinquième nervure latérale ; *r*, sommet de la nervure médiane.

Fig. 36. Feuille de *Tilleul*, plus vieille que les précédentes. *p*, pétiole ; *r*, sommet de la nervure médiane ; A, première nervure secondaire ; *a, a', a'', a''', a'''', a'''''*, ramifications de A ou nervures tertiaires ; *x, x', x'', x''', x''''*, ramifications de *a* ou nervures quaternaires ; B, C, D, E, F, nervures secondaires, et leurs ramifications ou nervures tertiaires ; G, dernière nervure secondaire ; *z, z*, nervures transversales qui unissent les nervures précédentes : elles paraissent les dernières.

Fig. 37. *a*, nervure médiane ou rachis naissant d'une feuille du *Ficus Carica* ; *s*, stipules revêtant le sommet de la tige. Cette figure et la suivante ont été fournies à la fin de l'hiver, par un bourgeon stationnaire.

Fig. 38. *a*, rachis naissant d'une feuille du Figuier : il est déprimé sur sa face interne ou supérieure, et couché sur les stipules *s* qui enveloppent le sommet de la tige.

Fig. 39. Feuille plus avancée vue de profil. *a*, sommet de la feuille ou lobe terminal ou médian ; *b*, l'un des deux premiers lobes latéraux : la feuille étant vue de côté on ne voit qu'un de ces deux lobes ; *s*, stipule extérieure. Elle recouvre par ses bords la stipule *s'*.

Fig. 40. Feuille de la figure précédente vue de trois quarts du côté interne. Le lobe supérieur *a* est peu concave sur la face interne ; *b, b*, lobes latéraux. Nous verrons plus loin que c'est la paire supérieure des lobes.

Fig. 41. Feuille du *Figuier* plus avancée encore et vue de profil. *p*, pétiole;
a, lobe supérieur ou terminal; il a déjà deux nervures apparentes de chaque côté; *b*, l'un des lobes de la paire supérieure; *c*, l'un des lobes de la seconde paire naissante; *s*, stipules.

Fig. 42. Autre feuille du *Figuier* vue de côté. *p*, pétiole; *a*, lobe supérieur;
b, l'un des lobes de la première paire; *c*, lobe de la deuxième paire; *d*, lobe
naissant de la troisième paire. On voit que les lobes, ou les nervures digitées
de la feuille du *Ficus Carica* L., naissent de haut en bas.

Fig. 43. Jeune feuille plus âgée que les précédentes. *a*, lobe supérieur; *b, b*, première paire des lobes ou la supérieure, dont le côté interne est en partie caché; *c, c*, deuxième paire des lobes dont le côté interne est aussi en partie
caché; *d, d*, paire inférieure des lobes ou la plus jeune. La feuille est couverte
de poils courts.

Fig. 44. Bourgeon du *Figuier*. *t*, partie de la tige; *i*, insertion de feuille; *s*, stipules enveloppant le bourgeon.

Fig. 45. Bourgeon du *Liriodendron tulipifera* L. *t*, partie du rameau; *i*, insertion d'une feuille; *s*, l'une des stipules dont les bords recouvrent ceux de la
stipule *s'*.

Fig. 46. Feuille naissante du *Liriodendron*. *t*, portion de tige; *p*, pétiole et nervure médiane dépourvue de limbe et couchée sur les stipules *s* qui cachent le
sommet de la tige.

Fig. 47. Feuille un peu plus avancée. *t*, portion de la tige; *p*, pétiole; *l*, limbe
très petit bordant la grosse nervure médiane, et couché sur les stipules *s* qui
cachent le sommet de la tige.

Fig. 48. Feuille plus âgée. *t*, tige; *p*, pétiole; *l*, limbe déjà sinueux sur ses bords,
mais dont les saillies sont arrondies; il n'a pas de nervures apparentes. Ce
limbe est plié longitudinalement sur sa face supérieure, et l'un de ses côtés est
appliqué contre l'une des stipules *s*.

Fig. 49. Autre feuille. *t*, tige; *p*, pétiole; *a*, première nervure; c'est la principale des lobes inférieurs; *b* est la seconde nervure de ces mêmes lobes. La
partie supérieure du limbe est encore dépourvue de nervures. Les sinus de ce
limbe sont arrondis.

Fig. 50. Jeune feuille de *Liriodendron*. *t*, tige; *p*, pétiole; le limbe est plus développé que dans la feuille précédente, ses angles deviennent aigus; *a*, première nervure du lobe inférieur; *b*, seconde nervure de ce lobe; *c, c*, nervures
du lobe supérieur; *d, d*, nervures ordinairement un peu plus tardives; *s*, stipules.

Fig. 51. Feuille plus avancée. *t*, tige; *p*, pétiole; les angles du limbe sont aigus;
a, première nervure du lobe inférieur; *b*, deuxième nervure; *c, c, d, d*, nervures du lobe supérieur; *e*, troisième nervure du lobe inférieur. Les petites
nervures qui unissent les nervures principales commencent à se montrer.

Fig. 52. Feuille plus parfaite encore. *t*, tige; *p*, pétiole; *a, b, e*, nervures du lobe
inférieur; *c, c, d*, nervures du lobe supérieur. Le réseau des nervules est mieux
développé, et une nervure borde le pourtour du limbe, qui est plié longitudinalement, comme je l'ai dit plus haut, et appliqué par l'un de ses côtés sur
l'une des stipules.

PLANCHE 22.

Fig. 53. Feuilles naissantes de l'*Acer platanoides*. *a*, sommet de la tige; *b, b*,
rachis naissants.

Fig. 54. *a*, sommet de la tige qui sépare deux très jeunes feuilles opposées;
b, b, lobes moyens de ces feuilles; *c, c*, paire supérieure des lobes qui naît la
première.

Fig. 55. Très jeune feuille du même *Acer* vue par le dos. *b*, lobe moyen ou terminal ; *c, c*, paire supérieure des lobes.

Fig. 56. Deux feuilles un peu plus âgées. *a*, sommet très déprimé de la tige; *b, b*, lobe supérieur ou médian de chaque feuille; *b′*, nervure ou lobule latéral naissant d'un de ces lobes ; *c, c*, paire supérieure des lobes, née après le lobe médian ; *d, d*, seconde paire des lobes naissant au-dessous de la paire précédente ; *p*, pétiole très court.

Fig. 57. Une feuille plus âgée vue par le dos. On ne voit qu'une partie de chacun de ses lobes qui sont pliés longitudinalement sur leur face antérieure ; *b*, nervure médiane du lobe supérieur ou médian ; *c, c*, première paire des lobes latéraux ; *c′, c″*, nervures latérales ou secondaires des lobes *c, c* ; *d, d*, seconde paire de lobes latéraux formée après la précédente ; *d′, d″*, nervures latérales ou secondaires des lobes de la seconde paire.

Fig. 58. Jeunes feuilles du *Bombax pentaphylla* du Jardin botanique de Paris. *t*, partie de la tige ; *p*, pétiole ; *b*, foliole supérieure de la feuille la plus âgée ; *c*, l'une des folioles de la première paire ; *d*, une des folioles de la seconde paire ; *e*, une des folioles de la troisième paire ; *s*, stipules de cette feuille ; *b′*, foliole terminale d'une feuille beaucoup plus jeune ; *c′*, première paire des folioles latérales ; *d′*, deuxième paire des folioles ; *e′*, troisième paire des folioles.

Fig. 59. Autres jeunes feuilles de la même plante. *p*, pétiole commun ; *b*, foliole supérieure de la feuille principale ; *c*, folioles de la première paire ; *d*, folioles de la deuxième paire ; *e*, folioles de la troisième paire ; *f*, folioles de la quatrième paire ; *g*, folioles de la cinquième paire ; *s*, insertion d'une des stipules de la feuille précédente ; *p′*, pétiole commun très court et épais d'une feuille plus jeune ; *b′*, sa foliole supérieure ; *c′*, folioles de la première paire ; *d′*, folioles de la seconde paire ; *e′*, folioles de la troisième paire : les folioles inférieures correspondantes à *f*, *g* de la feuille précédente ne sont pas nées ; *s′*, stipules de cette feuille : elles sont déjà assez avancées, bien que les folioles inférieures ne soient pas apparentes ; *p″*, pétiole d'une troisième feuille plus jeune encore : il est seulement surmonté par le rudiment *b″* de la foliole terminale ; les stipules *s″* sont déjà visibles.

Fig. 60. *Paratropia macrophylla*. *g*, gaîne d'une feuille naissante ; *a*, sommet de l'axe.

Fig. 61. Feuille de la même plante. *g*, gaîne ; *b*, foliole supérieure ; *c, c*, folioles de la première paire ; *d, d*, folioles de la deuxième paire ; *e*, une des folioles de la troisième paire, l'autre foliole n'étant pas encore sensible.

Fig. 62. Feuille plus âgée. *g*, gaîne ; *b*, foliole supérieure qui couvre en partie les folioles *c* de la paire supérieure qui, elle-même, revêt entièrement la paire inférieure.

Fig. 63. Jeune feuille de *Potentilla reptans*. *a*, sommet de la tige ; *s, s*, dilatation déterminée par la naissance des stipules ; *b*, foliole supérieure ou médiane ; *c, c*, folioles de la paire supérieure : la paire inférieure n'est pas encore apparue.

Fig. 64. Feuille de *Potentilla reptans* un peu plus avancée. *s, s*, stipules un peu plus saillantes ; *b*, foliole supérieure ; *c, c*, folioles de la première paire ; *d*, l'une des folioles de la seconde paire, l'autre foliole n'est pas encore visible : il est évident que les folioles inférieures au moins naissent après les stipules ; *f*, feuille plus jeune entourée en partie par la base de la précédente.

Fig. 65. Autre feuille du *P. reptans*. *s, s*, stipules entourant en partie la feuille plus jeune *f* ; *b*, foliole supérieure sur les côtés de laquelle paraissent les premières dents ou nervures ; *c, c*, folioles de la première paire ; *d, d*, folioles de la seconde paire. Les folioles supérieures sont pliées longitudinalement suivant leur nervure médiane.

Fig. 66. Feuille vue de profil. *b*, foliole terminale ; *c*, l'une des folioles de la première paire munie d'une nervure latérale supérieure naissante *c'* ; *d*, foliole de la seconde paire avec une nervure latérale supérieure naissante *d'* ; *s*, stipule.

Fig. 67. Feuille plus avancée vue de face. *s, s*, stipules entourant la feuille plus jeune *f* ; *b*, foliole terminale pliée longitudinalement : on voit en *b'* les dents qui correspondent à ses nervures naissantes ; *c, c*, folioles de la première paire avec leurs nervures naissantes *c', c''* ; *d, d*, folioles de la deuxième paire avec leurs nervures *d', d''* ; d'un côté l'on n'aperçoit que trois dents, de l'autre côté on en voit une quatrième plus petite *d'''*.

Fig. 68. Feuille naissante de *Sanguisorba officinalis*. *a*, sommet de la tige ; *r*, rachis commençant : il forme une sorte de gaine semi-embrassante.

Fig. 69. Autre feuille du même *Sanguisorba*. *a*, sommet de la tige ; *s, s*, commencement de la gaine stipulaire : elle embrasse déjà mieux la tige que dans la feuille précédente ; *b*, foliole terminale ; *c, c*, folioles de la première paire ; *d, d*, folioles de la deuxième paire : les inférieures ne sont pas encore apparentes.

Fig. 70. Feuille du *Sanguisorba officinalis*. *a*, sommet de la tige enveloppé par la gaine stipulaire *s, s* ; *b*, foliole terminale ; *c, c*, folioles de la première paire ; *d, d*, folioles de la deuxième paire ; *e, e*, folioles de la troisième paire. Les autres ne sont pas nées.

Fig. 71. Autre feuille vue de profil. *b*, foliole terminale ; *c, d, e, f, g*, folioles se formant de haut en bas ; *s*, sommet de la gaine stipulaire.

Fig. 72. Jeune feuille du *Trifolium maritimum* vue de profil. *b*, foliole terminale rudimentaire ; *c*, l'une des folioles latérales commençante. La stipule *s* est beaucoup plus développée que les folioles.

Fig. 73. Très jeune feuille d'*Oranger* réduite, pour ainsi dire, à son pétiole et à sa nervure médiane. La nervure médiane ou le limbe *l* et le pétiole *p* sont séparés par un rétrécissement notable.

Fig. 74. Très jeune feuille d'*Oranger* vue de face. *p*, pétiole sur les côtés duquel s'élèvent de petits bourrelets, qui sont l'origine des lames dont il est plus tard bordé ; *l*, limbe rudimentaire vu en raccourci. Il n'est accusé que par deux bourrelets longitudinaux, qui occupent la face interne de la nervure médiane.

Fig. 75. Extrémité la plus jeune d'un bourgeon de l'*Oranger*. *t*, partie de la tige ; *p, p'*, pétioles garnis de quelques petites glandes ; *l, l'*, très jeunes limbes qui surmontent les pétioles.

Fig. 76. Feuille adulte de l'*Oranger* réduite. *p*, pétiole ailé ; *l*, limbe.

Fig. 77. Jeune feuille du *Geranium pratense* L. *a*, sommet de la tige ; *b*, lobe terminal ; *c, c*, lobes de la première paire : les autres ne sont pas encore apparents ; *s, s*, stipules qui sont beaucoup plus développées que les folioles *c, c*, avant lesquelles elles sont nées.

Fig. 78. Feuille du *Geranium pratense* plus avancée (1/2 millimètre) ; *b*, lobe terminal ou médian, et *s, s*, stipules entre lesquels se sont interposées d'abord la paire supérieure des lobes *c, c*, et ensuite la paire inférieure *d, d*.

Fig. 79. Autre feuille de la même plantes. *s, s*, stipules ; *b*, lobe terminal ; *c, c, d, d*, lobes latéraux qui émettent des lobules sur leurs côtés. Les lobules *e, e*, de la paire des lobes *d, d*. deviennent assez grands, et communiquent à la feuille l'aspect d'une feuille à sept lobes.

Fig. 80. Vernation de la feuille du *Geranium pratense* L. Le lobe supérieur *b* couvre en partie les lobes latéraux *c, c*, qui, à leur tour, cachent le côté supérieur des lobes *d, d*. Ces derniers, en s'infléchissant à l'intérieur, enveloppent les lobules *e, e* auxquels ils ont donné naissance.

PLANCHE 23.

Fig. 81. Naissance de la feuille du *Podophyllum peltatum*, Linn. *p*, pétiole couronné par un bourrelet circulaire *b*, point de départ du limbe.

Fig. 82. Feuille de la même plante. *p*, pétiole surmonté de six, quelquefois sept proéminences *l, l*, qui naissent du bourrelet circulaire indiqué dans la figure précédente : c'est l'origine des lobes du limbe.

Fig. 83. Feuille du même *Podophyllum* plus âgée. *p*, pétiole ; *l, l*, jeune limbe.

Fig. 84. Feuille plus avancée encore. *p*, pétiole sur lequel s'étendent les lobes du limbe *l, l*, à mesure qu'ils grandissent. Ils s'épanouissent quand la feuille est arrivée au-dessus de la surface du sol.

Fig. 85. Extrémité d'un bourgeon de *Tropæolum majus. a'*, rachis presque cylindrique dépourvu de limbe et couché sur le sommet de la tige ; *p*, pétiole d'une jeune feuille vue de profil ; *a*, lobe correspondant à la nervure médiane ; *b*, naissance de l'un des lobes correspondant à la paire supérieure des nervures latérales ; *c*, naissance d'un des lobes de la seconde paire.

Fig. 86. Très jeune feuille de *Tropæolum majus*. Le rachis *a* se dilate pour donner naissance aux lobes de la paire supérieure *b, b*.

Fig. 87. Autre feuille de la même plante. *p*, pétiole ; *a*, lobe de la nervure médiane ; *b, b*, lobes de la paire supérieure ; *c, c*, lobes de la deuxième paire : la troisième n'est pas née.

Fig. 88. Feuille un peu plus avancée. *p*, pétiole ; *b, b*, lobes de la paire supérieure ; *c, c*, lobes de la deuxième paire.

Fig. 89. Autre feuille du *Tropæolum majus*. *p*, pétiole ; *a*, lobe terminal ; *b, b*, première paire des lobes ; *c, c*, deuxième paire des lobes ; *d, d*, troisième paire naissante des lobes : ces derniers sont unis par un bourrelet d'un tissu très délicat, qui doit constituer la base du limbe. La surface de celui-ci est marquée d'irrégularités qui sont formées d'un tissu d'une délicatesse si grande, qu'il semble presque couler à la surface de la lame : le même phénomène est représenté figure 96.

Fig. 90. Quand tous les lobes ou toutes les nervures principales qui rayonnent de l'extrémité du pétiole sont nés, le limbe s'étend et ses lobes s'effacent peu à peu, comme on le voit en *a, b, c, d*; *p*, pétiole.

Fig. 91. Feuille adulte diminuée. Elle montre que les lobes *a, b, c, d* tendent à s'effacer à mesure que le limbe grandit ; *p*, pétiole. Une autre paire de nervures *e, e*, s'est développée dans la partie inférieure du limbe.

Fig. 92. A', écaille épaisse par laquelle commence la feuille de l'*Umbilicus pendulinus* DC.

Fig. 93. L'écaille se dilate sur les côtés pour donner naissance aux premiers lobes ou nervures de la feuille. A, lobe supérieur de la feuille ; B, B, premiers lobes latéraux ; p, pétiole.

Fig. 94. Feuille du même *Umbilicus* plus avancée ; *p*, pétiole ; A, lobe supérieur ; B, B, premiers lobes ou premières nervures apparentes ; C, C, deuxième paire de lobes ou de nervures visibles.

Fig. 95. Feuille plus avancée encore. *p*, pétiole ; A, lobe supérieur correspondant à la nervure médiane ; B, B, premiers lobes apparents ; C, C, deuxième paire de lobes ; *b, b*, troisième paire produite par la ramification de la nervure principale de chacun des lobes B, B.

Fig. 96. Autre feuille plus âgée: *p*, pétiole ; A, lobe médian ou supérieur ; B, B, première paire de lobes ; C, C, deuxième paire de lobes ; *b, b*, troisième paire ou ramifications de B, B ; *c, c*, quatrième paire ou ramifications de C, C ; D, D, cinquième paire de lobes.

Fig. 97. Autre feuille d'*Umbilicus pendulinus*, plus âgée: *p*, pétiole ; A, lobe supérieur ; B, B, première paire de lobes ; C, C, deuxième paire de lobes ; *b, b,* troisième paire de lobes, ramifications de B, B ; *c, c,* quatrième paire ou ramifications de C, C ; D, D, cinquième paire de lobes, entre lesquels naissent deux autres petits lobules E, E, qui achèvent la réunion des deux côtés du limbe et complètent la feuille peltée.

Fig. 98. Feuille peltée presque adulte : *p,* pétiole ; *l,* limbe.

Fig. 99. Feuille adulte du même *Umbilicus* : *p,* pétiole ; *l,* limbe infundibuliforme.

Fig. 100. Figure théorique pour montrer la distribution des nervures principales dans le limbe de la feuille de l'*Umbilicus pendulinus.* Ces nervures sont représentées par les lettres qui indiquent dans les figures précédentes les lobes auxquels elles correspondent : *p,* pétiole ; A, nervure du lobe supérieur ; B, B, nervures de la première paire de lobes ; C, C, nervures de la deuxième paire de lobes ; *b, b,* ramifications de B, B, ou nervures de la troisième paire de lobes ; *c, c,* ramifications de C, C, ou nervures de la quatrième paire de lobes ; D, D, nervures de la cinquième paire de lobes.

Fig. 101. *Helleborus odorus,* Waldst. et Kit. ; *a,* sommet de la tige ; *b,* naissance du rachis et de la gaine qui entoure complètement la tige *a.*

Fig. 102. *Helleborus purpurascens,* Waldst et Kit. : *a,* sommet de la tige entourée par la gaine ; *b,* lobe terminal ou médian ; *c, c,* première paire des lobes latéraux.

Fig. 103. Jeune feuille du même *Helleborus purpurascens* : *g, g,* gaine ; *b,* lobe terminal ou médian ; *c, c,* première paire des lobes ; *d, d,* deuxième paire des lobes ; *b',* ramifications de *b* ; *c',* ramifications de *c.*

Fig. 104. Origine des feuilles opposées du *Cephalaria procera,* Fischer et Meyer : *t,* petite portion de la tige ; *a,* sommet de cette tige entouré par un bourrelet circulaire *g* qui représente la partie inférieure soudée des deux feuilles.

Fig. 105. *a,* sommet de la tige entouré par le bourrelet ou la gaine qui unit les deux feuilles, dont le rachis est ici naissant. Celui-ci consiste en deux petites éminences opposées *b, b,* qui s'élèvent du bourrelet primitif.

Fig. 106. Autres feuilles de la même plante : *g,* gaine ; *b,* lobe terminal de la feuille ; *c,* origine d'un des lobes de la première paire. Les feuilles sont vues de profil.

Fig. 107. Deux jeunes feuilles du même *Cephalaria* vues aussi de profil : *g,* gaine ; *b,* lobe terminal ; *c,* un des lobes de la première paire ; *d,* un des lobes de la deuxième paire ; *e,* un des lobes de la troisième paire.

Fig. 108. Feuilles plus âgées vues également de profil : *g,* gaine ; *b,* lobe terminal ou le premier apparent ; *b, c, d, e, f, h,* six paires de lobes d'autant plus jeunes qu'ils sont placés plus bas sur le rachis.

Fig. 109. Très jeune feuille du *Rosa arvensis* : *b,* foliole terminale ; *c, c,* folioles de la première paire ; *d, d,* folioles naissantes de la deuxième paire. Elles sont beaucoup plus petites que les stipules *s,* qui sont nées avant elles.

Fig. 110. Feuille du même *Rosa* un peu plus âgée. Il est clair que les folioles *b, c, d, e* sont nées de haut en bas, et que les inférieures au moins sont apparues après les stipules *s,* puisque dans la feuille précédente il n'y a que deux paires de folioles, et cependant les stipules sont déjà plus avancées que la dernière paire de folioles formée.

Fig. 111. Jeune feuille de *Pæonia moutan,* Sims. *a,* sommet du rachis ; *b, b,* premières ramifications de ce rachis. Chacune de ces trois divisions portera trois folioles.

Fig. 112. Autre jeune feuille : *a,* sommet du rachis représentant la foliole terminale ; *a', a',* origine des deux folioles latérales de la division supérieure

on médiane du pétiole. Les ramifications *b, b* ne sont pas encore subdivisées.

Fig. 113. Chacune des divisions de cette jeune feuille sera l'origine d'une foliole. *a', a'* sont nées de la base de *a ; b', b'* de la base de *b* ; de sorte que *a* étant considéré comme l'extrémité de l'axe primaire, *b, b* et *a', a'* sont des productions secondaires, et *b', b'* des productions tertiaires.

Fig. 114. Toutes les folioles d'une feuille de *Pæonia moutan* sont représentées dans la figure précédente, mais indivises ; toutes les subdivisions qui existent dans cette figure, et qui ne se trouvent pas dans l'autre, ne sont que des lobules de ces folioles : *a, ar, ar,* foliole terminale trilobée du pétiole commun médian ; *a', a'r,* limbe d'une foliole latérale dont *a'r* est un lobe latéral ; *a'* foliole latérale non lobée ; B, l'un des pétioles latéraux coupés ; *b, br, br,* foliole terminale trilobée d'un autre pétiole latéral ; *b', b'r,* sont l'origine de deux folioles latérales lobées ou dentées seulement du côté externe.

PLANCHE 24.

Fig. 115. Jeune feuille de *Chamærops humilis* de 1/2 millimètre de longueur : *g,* gaîne ; *p,* rachis ; *i,* éminence de la face interne du rachis au-dessus de laquelle se développera le limbe.

Fig. 116. Feuille plus avancée (3/4 de millimètre) : *g,* gaîne ; *p,* rachis ; *l,* limbe couvert de poils vers la partie supérieure ; sa partie inférieure latérale, dont on voit deux côtes peu sensibles encore, en est dépourvue. Ce limbe naît entre le rachis p et l'éminence ou bourrelet *i* (origine de la ligule) de la figure 115.

Fig. 117. Feuille de *Chamærops humilis* de 1 1/2 millimètre : *g,* gaîne ; *l,* limbe enveloppé d'une pellicule revêtue de poils, et soutenu par un très court pétiole *p.*

Fig. 118. Feuille de *Chamærops humilis* de 2 millimètres, dont la pellicule et ses poils ont été enlevés artificiellement pour montrer la disposition des lobes du limbe et leur développement parallèle et vertical.

Fig. 119. Feuille de 2 1/4 millimètre : *g,* gaîne ; *l,* pellicule ou coiffe velue qui revêt les divisions du limbe *l.* Celui-ci en s'accroissant soulève cette coiffe, qu'il entraîne avec lui.

Fig. 120. Feuille de 5 millimètres : *g,* gaîne ; *p,* pétiole ; *l,* lobes du limbe dont le sommet est revêtu de longs poils ; *b,* poils de la feuille contenue dans la gaîne de celle-ci. Cette feuille est vue de profil.

Fig. 121. Feuille de *Chamærops humilis* de 1 1/2 centimètres, vue de profil : *g,* gaîne ; *p,* pétiole ; *l,* lobes du limbe. Les lobes latéraux sont plus courts que les lobes médians.

Fig. 122. Une des écailles qui enveloppent les bourgeons. Elle est vue par derrière.

Fig. 123. Feuille de *Chamærops* épanouie, mais jeune encore, très réduite : *g,* gaîne ; *p,* pétiole ; *l,* lobes du limbe ; *i,* ligule.

Fig. 124. Feuille naissante du *Chamædorea martiana* (1/4 de millimètre) : *g,* gaîne surmontée, d'un côté, par une proéminence *a* déprimée du côté interne ou supérieur, sur lequel on voit apparaître longitudinalement près des bords deux bourrelets *b, b'.* Le bourrelet *b'* est plus visible que l'autre qui est à peine sensible. La proéminence *a* est l'origine du rachis, et ses deux bourrelets *b, b'* celle des deux rangées de folioles. *a,* sommet de la tige.

Fig. 125. Feuille de la même plante (de 2/3 de millimètre) : *g,* gaîne ; *a,* feuille rudimentaire cachée sous cette gaîne ; *b, b,* bourrelets marqués de très légers sillons transversaux qui sont l'origine des folioles du limbe. Ces sillons n'existent pas encore vers la partie supérieure des bourrelets, ni tout près de leur base. Les bourrelets sont, à cette époque, séparés par un espace considérable.

Fig. 126. Feuille de 3 1/2 millimètres. *g*, gaine : elle est terminée par deux très petites écailles ; *b*, *b*, bourrelets ou séries de folioles en voie de formation ; ils occupent presque toute la face antérieure du rachis. Les sillons transversaux d'un côté de chaque bourrelet alternent avec ceux de l'autre côté du même bourrelet. Pendant l'accroissement de la feuille, les uns et les autres s'enfoncent graduellement dans l'intérieur du bourrelet jusqu'à ce que ceux qui sont partis du côté interne arrivent au côté opposé et y déterminent une rupture ; tandis que ceux qui vont de l'extérieur à l'intérieur s'arrêtent avant d'arriver à la face interne. Il résulte de là autant de folioles qu'il y avait de côtes à cette dernière face. Ces folioles restent unies, jusqu'à l'épanouissement de la feuille, par leur extrémité qui répond à la crête brillante sinueuse des bourrelets *b*, *b*.

Fig. 127. Partie inférieure de la jeune feuille de grandeur naturelle représentée dans la figure 128 ; cette partie inférieure est vue par le dos pour montrer la forme de son rachis *b* à cette époque, et l'insertion des folioles *f*, *f* ; *p*, pétiole.

Fig. 128. Jeune feuille de *Chamædorea martiana* de grandeur naturelle, vue par la face supérieure : *g*, ouverture de la gaine ; les folioles *f*, *f* sont d'inégale grandeur ; les inférieures *f* n'ont que quelques millimètres ; les supérieures *f* ont jusqu'à 14 centimètres, et cependant elles ont le même âge, ou sont même un peu plus jeunes. Chaque foliole est attachée par son extrémité *s* à la foliole placée immédiatement au-dessus d'elle.

Fig. 129. Feuille naissante du *Geonoma baculum* : *a*, sommet de la tige entouré de la gaine *g*, qui est surmontée d'un côté par le rudiment du rachis *b* encore dépourvu de limbe.

Fig. 130. Autre jeune feuille du *Geonoma baculum* : *g*, gaine ; *l*, limbe plissé ou plutôt marqué de sillons et de côtes qui constitueront les plis.

Fig. 131. Sommet d'un bourgeon de *Carex riparia*, Curt. : *a*, sommet de la tige ; *f*, jeune feuille qui consiste en un bourrelet un peu plus élevé d'un côté autour de la tige : il n'y a guère que la gaine ; *f*, feuille un peu plus âgée dans laquelle on distingue la gaine *g* et un petit limbe en forme de capuchon : elle n'a que 1/4 de millimètre de hauteur.

Fig. 132. *f*, feuille de *Carex riparia* de 3/8me de millimètre : elle est munie d'une gaine *g* et d'un limbe *f*, et enserre une feuille moitié plus petite *f*. Quelques nervures sont déjà perceptibles.

Fig. 133. *f*, feuille du même *Carex* de 3 millimètres de longueur. Sa gaine *g* est extrêmement petite : son limbe s'allonge par la base, aussi le sommet est-il garni de dents crochues *d*, qui sont d'autant moins avancées dans leur accroissement qu'elles sont plus près de la base *d'* vers laquelle il n'en existe pas encore ; *f*, feuille plus jeune.

Fig. 134. Extrémité d'un bourgeon d'*Iris germanica*, L. : *a*, sommet de la tige ; *f*, feuille ou gaine à l'état de simple bourrelet ; *f*, le bourrelet se renfle d'un côté pour former le limbe (1/3 de millimètre).

Fig. 135. *Iris germanica*, L. : *f*, feuille de 1/3 de millimètre ; le limbe est plus large et plus élevé que dans la précédente, mais son sommet est encore arrondi ; *f*, feuille plus jeune, qui sort en partie de la gaine de la feuille.

Fig. 136. Feuille de 3/4 de millimètre : son limbe est aigu, très oblique ; sa gaine laisse sortir une jeune feuille *f*.

Fig. 137. *f*, feuille d'*Iris* de 3 1/3 millimètres : son limbe est encore très oblique et terminé par une pointe *b* qui se recourbe un peu en avant ; sa gaine *g* laisse sortir une petite feuille *f*.

Fig. 138. *f*, le limbe de cette feuille (17 millimètres) est plus redressé que celui de la précédente; sa gaine *g* laisse aussi sortir une jeune feuille *f'*.

Fig. 139. *f*, feuille de 7 1/2 centimètres. Elle est tout à fait ensiforme; sa gaine encore courte laisse voir une feuille *f'*.

Fig. 140. Très jeune feuille de *Tradescantia zebrina* longue seulement de 1/3 de millimètre: elle a néanmoins une gaine *g*; son limbe *f* forme une sorte de capuchon dans l'intérieur duquel on aperçoit le sommet de la tige ou une feuille plus jeune.

Fig. 141. Autre feuille de 1/2 millimètre: son limbe *f* est plus ouvert que celui de la précédente; *g*, gaine.

Fig. 142. Feuille de 2 millimètres. Elle était couverte de poils qui n'ont pas été figurés pour mieux laisser voir les parties de la feuille. La gaine *g* est restée fort courte; le limbe s'est allongé, et chacun de ses côtés s'est enroulé sur lui-même à l'intérieur.

Fig. 143. Feuille de 3 1/2 millimètres. La gaine *g* est restée excessivement courte; le limbe s'est presque seul allongé. Les poils ne sont pas figurés.

Fig. 144. Feuilles presque adultes: *f*, feuille dont la gaine *g* laisse sortir la feuille *f'*.

Fig. 145. Extrémité d'un bourgeon de *Glyceria aquatica*, Wahlb.; elle était renfermée dans la feuille de la figure suivante, qui n'avait que 1/3 de millimètre: *f, f', f''*, trois feuilles ou gaines à l'état de simples bourrelets un peu plus épais et un peu plus proéminents d'un côté; *a*, sommet de la tige; *t*, partie de la tige.

Fig. 146. Feuille de *Glyceria aquatica* réduite à la gaine (1/3 de millimètre). Le limbe ne paraît représenté que par la pointe *l*; *t*, portion de la tige.

Fig. 147. Feuille de 1 millimètre: *g*, gaine; *l*, limbe commençant: il est moins latéral que dans la feuille précédente; *t*, portion de la tige.

Fig. 148. *f*, feuille de grandeur naturelle (4 1/2 millimètres): *t*, partie de la tige.

Fig. 149. Feuille du même *Glyceria* ouverte pour montrer l'exiguïté de la ligule *c* et de la gaine *g*; *l*, limbe. Cette figure est de grandeur naturelle.

PLANCHE 25.

Fig. 150. *f*, feuille de *Centaurea Scabiosa*, L., de 2 millimètres de longueur; elle embrasse par sa base une petite feuille *f'*. Dans cette feuille *f*, les lobes *a* du milieu de la feuille sont les premiers nés; ceux qui sont au-dessus *a b* naissent de bas en haut; ceux qui sont au-dessous, en *a c*, naissent de haut en bas. C'est là un des types de la *formation mixte*.

Fig. 151. *f*, très jeune feuille d'une variété du *Nelumbium luteum* enveloppée par ses deux stipules *extrafoliaires s, s'*, c'est-à-dire que l'une d'elles enveloppe la feuille derrière et au-dessous de laquelle elle est insérée, et que l'autre stipule, opposée à la première, l'embrasse avec le bourgeon terminal; ou bien, si l'on veut, la stipule interne *s'* enveloppe la feuille *f* qui naît dans son aisselle, et la stipule externe *s* enveloppe le bourgeon terminal et la stipule interne avec sa feuille.

Fig. 152. Partie supérieure d'une jeune feuille *f* entourée de sa stipule *s'*. Le sommet *f* présente une dépression produite par l'exhaussement des bords qui naissent de l'extrémité du pétiole.

Fig. 153. Jeune feuille du même *Nelumbium*. On voit le limbe *l* se formant de haut en bas à mesure que les nervures rayonnant de l'extrémité du pétiole *p* se développent.

Fig. 154. Dans cette figure, les bourrelets *l*, représentant le jeune limbe, se sont réunis par la base pour former la feuille peltée. Le limbe s'enroule ensuite à l'intérieur sur chacun de ses côtés.

Fig. 155. Extrémité d'un bourgeon de *Smilax mauritanica*, Desf. : *a*, sommet de
la tige ; *f*, jeune feuille réduite à un bourrelet épais embrassant le sommet de
la tige ; *f*, feuille de 1/3 de millimètre dépourvue encore de stipules.

Fig. 156. Feuilles de la même plante : *g*, gaine ; *f*, limbe commençant ; *s*, stipule
naissante. Cette feuille enveloppe en partie la feuille *f'*.

Fig. 157. *f*, feuille de 1 1/2 millimètre : *s*, stipule ; *g*, gaine embrassant en
partie la feuille *f'*.

Fig. 158. *f*, feuille de 4 millimètres dont le limbe est très prononcé ; *g*, gaine
embrassant la feuille *f'* ; *s*, stipule.

Fig. 159. Jeune feuille du *Spiræa lobata* : les stipules *g g* sont déjà très développées avant que les folioles inférieures soient visibles ; *a*, lobe supérieur
formé le premier ; B, B, première paire des lobes latéraux ; *b, b*, ramifications
de ces lobes ; *c, c*, deuxième paire des lobes latéraux ; *d, d*, troisième paire. Les
autres paires inférieures n'existaient pas encore.

Fig. 160. Feuille adulte du *Spiræa lobata* réduite : *g*, stipules ; *p*, pétiole ; *a*,
premier lobe formé ; B, B, première paire des lobes latéraux ; *c*, deuxième
paire des lobes latéraux ; après eux naissent les ramifications *b*, des lobes
B, B ; les subdivisions *b'* ne viennent que plus tard ; après *b, b*, naissent
les lobes *d* de la troisième paire ; puis la paire *e*, ensuite *f*, et enfin celle qui
est représentée par *h*. Les lobes supérieurs achèvent leur formation pendant
la naissance de ces derniers.

Fig. 161. Feuille adulte très réduite de *Colodium aurilum* : *t*, portion de tige ;
g, gaine ; *a*, lobe supérieur le premier formé ; *b, b*, naissent ensuite ; et enfin
b', b', qui ne sont que des ramifications de *b, b*.

Fig. 162. Feuille de la même plante de 5 millimètres de longueur ; *g*, gaine ;
l, limbe dont le lobe *b* est roulé sur lui-même, et le lobe *b'* roulé par dessus.
Ces deux lobes répondent aux lobes *b, b* de la figure 161 ; ils sont par conséquent renversés de haut en bas. Si on les coupe avec précaution, on voit en
effet (fig. 164 et 165) que le lobe *b* est renversé et le lobule *b'* dressé.

Fig. 163. Feuille de 2 millimètres : *g*, gaine ; les lobes *b, b* du limbe *l* sont fort
courts. On voit dans l'intérieur une feuille plus jeune *f*.

Fig. 164. L'un des lobes *b* de la feuille 162. Ce lobe n'est que l'un des grands
lobes *b* de la figure 161. Il est renversé pendant le développement de la
feuille, comme le montrent les figures 162 et 163, tandis que le lobule *b'* de
la feuille adulte, auquel il donne naissance, est dressé pendant la période de
formation.

Fig. 165. Même lobe d'une feuille plus jeune : *b* est le lobe principal ; *b'* le lobule
qui en naît.

Fig. 166. Feuille de 1 millimètre : *t*, sommet de la tige ; *g*, gaine surmontée de
la nervure médiane *a* ; le limbe est encore nul.

Fig. 167. Extrémité d'un bourgeon de *Rumex Steudelii* : *r*, rachis ou nervure médiane dépourvue de limbe et munie à sa base d'un bourrelet circulaire *o* rudiment de l'*ochrea* ; *r'*, rachis d'une feuille plus jeune munie aussi de l'*ochrea*
rudimentaire *o'* ; *r''*, feuille plus jeune encore ; *a*, sommet de la tige.

Fig. 168. *f*, feuille du même *Rumex* ; *r*, nervure médiane fort épaisse, sur les
côtés de laquelle se développe le limbe qui s'enroule sur sa face inférieure à
mesure qu'il grandit ; *o*, *ochrea* traversé par la feuille plus jeune *f*.

Fig. 169. *f*, feuille un peu plus âgée ; *r*, nervure médiane ; *l*, limbe roulé sur la
face inférieure ; *o*, *ochrea* plus élevé que celui de la feuille précédente ; *f'*, sommet d'une feuille renfermée dans l'*ochrea*.

Fig. 170. Feuille naissante du *Melianthus major*. Elle consiste en une proéminence conique *a*, un peu déprimée sur la face antérieure et embrassant à
demi le sommet de la tige *t*. Cette feuille n'avait que 1/6 de millimètre.

Fig. 171. Feuille de la même plante : *t*, sommet de la tige embrassé aux trois quarts par la base dilatée *s* de la jeune feuille ; laquelle base dilatée n'est autre chose que le commencement de la stipule ; *a*, origine du lobe supérieur ; *b*, *b*, origine de la première paire des lobes latéraux ; *c*, *c*, proéminences plus légères encore que *b*, par lesquelles commencent les lobes de la deuxième paire.

Fig. 172. Feuille du *Melianthus major* plus avancée : *t*, sommet de la tige entouré d'une sorte de gaîne *s*, *s*, formée par la jeune stipule ; *a*, lobe terminal de la feuille ; *b*, *b*, première paire des folioles ; *c*, *c*, deuxième paire ; *d*, *d*, troisième paire plus jeune que les précédentes ; *e*, *e*, quatrième paire plus jeune encore que la troisième.

Fig. 173. Feuille plus âgée encore : *a*, foliole terminale ; *b*, *c*, *d*, *e*, folioles latérales d'autant plus jeunes qu'elles sont placées plus bas ; *s*, *s*, stipule dont les côtés se sont élevés pendant qu'il s'est formé sur le pétiole un bourrelet transversal qui doit constituer la lame libre de la stipule. La moitié inférieure ou le tiers de cette stipule est connée avec la base du pétiole dans la feuille adulte.

Fig. 174. Autre feuille du *Melianthus major* : *s*, stipule renfermant une petite feuille *f* dans son intérieur ; *a*, lobe supérieur ; *b*, *b*, première paire apparente des lobes latéraux ; *c*, *c*, deuxième paire ; *d*, *d*, troisième paire ; les inférieurs ne sont pas encore formés.

Fig. 175. Feuille naissante du *Magnolia grandiflora* vue de profil. Elle consiste en une base renflée antérieurement et qui représente les stipules ; cette base est surmontée par une pointe un peu courbée en avant et marquée sur sa face interne d'un léger sillon ; cette éminence est l'origine de la nervure médiane. Toute la feuille avait 1/3 de millimètre de hauteur.

Fig. 176. Feuille de 2/3 de millimètre. Elle est vue par la face antérieure : *s*, stipules naissantes contiguës, appliquées l'une contre l'autre et enveloppant le sommet de la tige dès leur origine ; *f*, nervure médiane marquée d'un sillon longitudinal.

Fig. 177. *f*, feuille de 5 millimètres qui était renfermée dans un bourgeon dont la végétation était stationnaire ; *s*, stipules dont la partie supérieure est revêtue de poils bruns ; *t*, partie de la tige couverte aussi de poils.

Fig. 178. Feuilles naissantes du *Ginko biloba*, Kempf. La feuille *a* consiste en une simple écaille fort petite. La feuille *b* est un peu plus avancée ; ses deux lobes sont déjà perceptibles.

Fig. 179. Deux feuilles un peu plus âgées ; les deux lobes de leur limbe *l* s'enroulent sur leur face interne ; le pétiole *p* est sensible.

Fig. 180. Feuille du *Ginko* plus avancée encore : *p*, pétiole ; *l*, limbe dont les lobes sont enroulés sur la face supérieure ou interne.

Fig. 181. Autre feuille plus développée : *p*, pétiole ; *l*, limbe contourné comme celui des feuilles précédentes.

Fig. 182. Feuille plus âgée : *p*, pétiole ; *l*, limbe dont chaque lobe est roulé sur lui-même.

Fig. 183. Feuille adulte du *Ginko biloba* réduite et étalée.

[illegible]

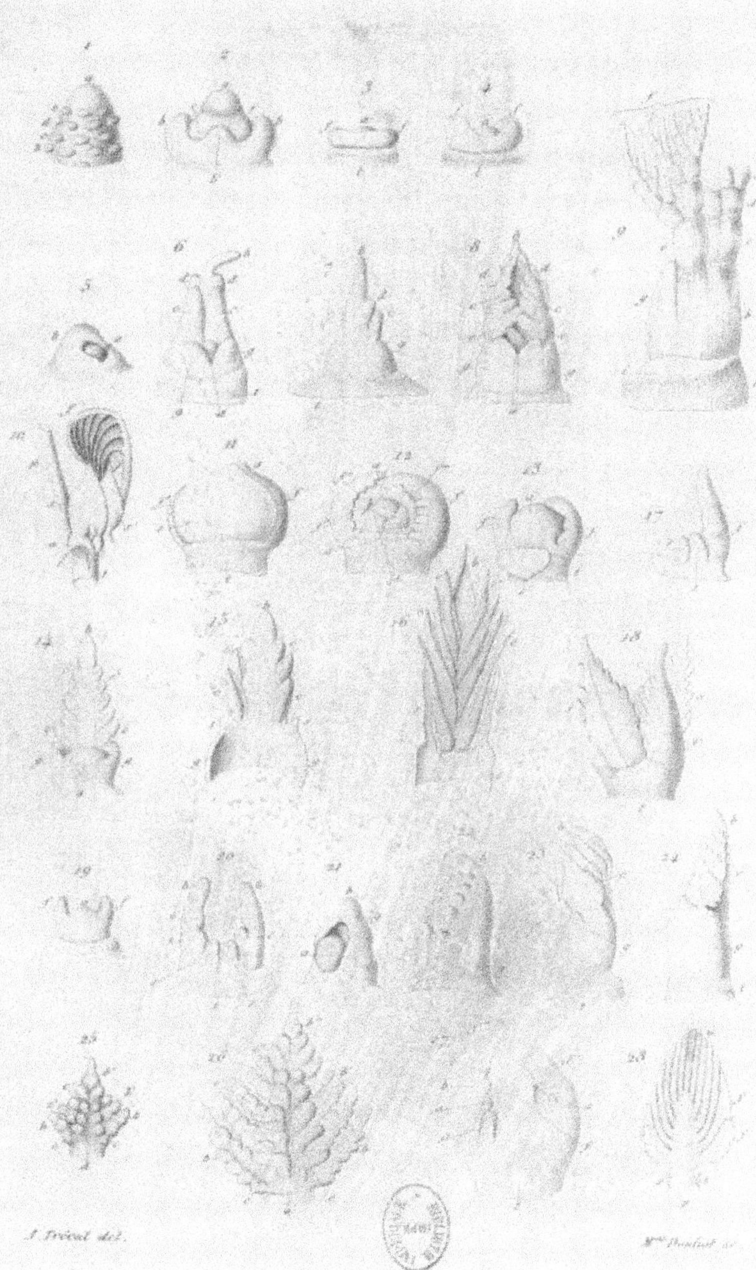

Formation des feuilles.

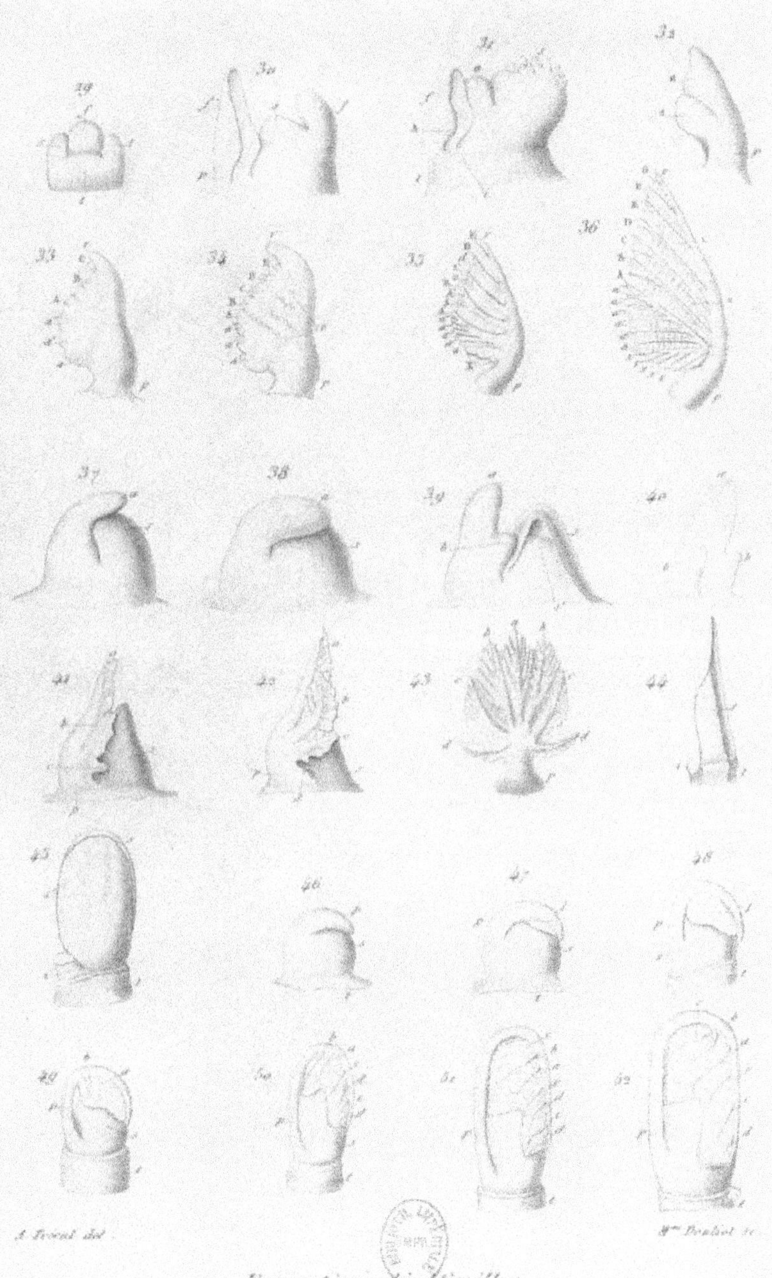

Formation des feuilles.

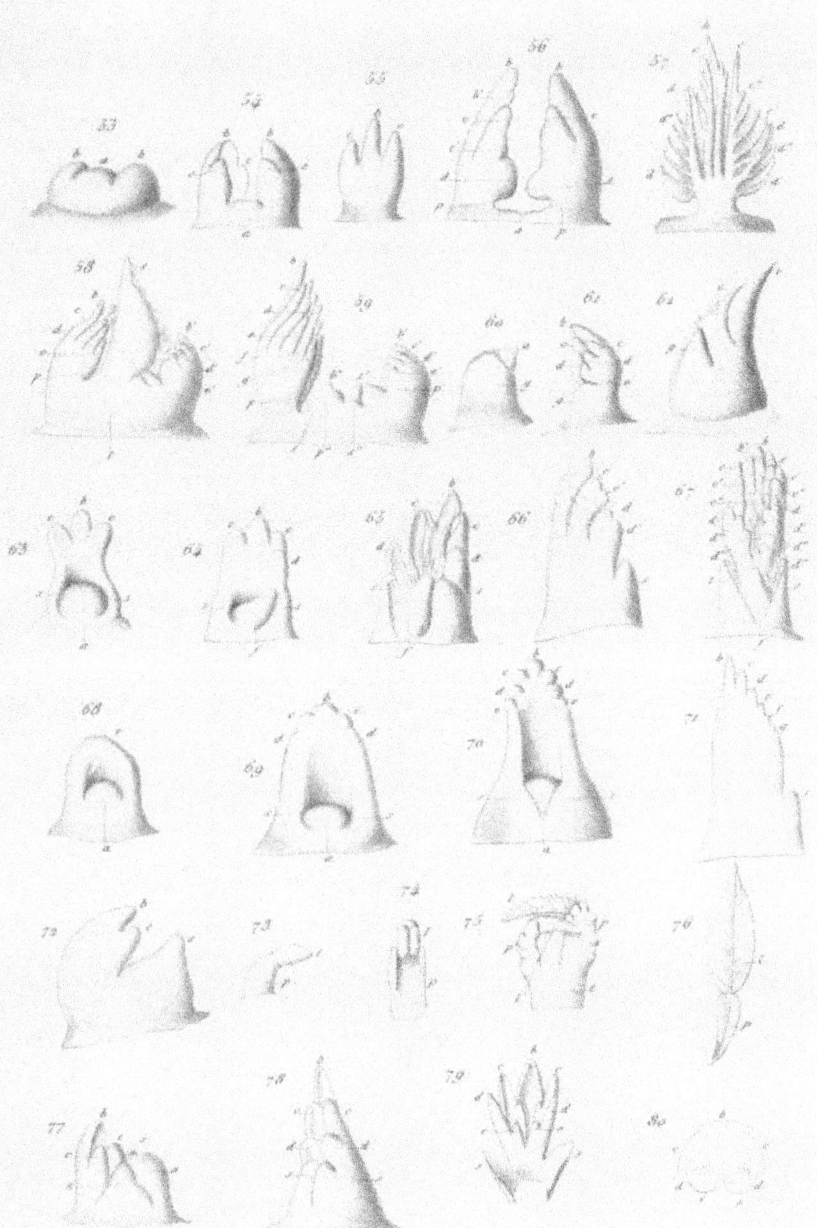

Formation des Feuilles.

N. Rémond imp. r. des Noyers 49. Paris.

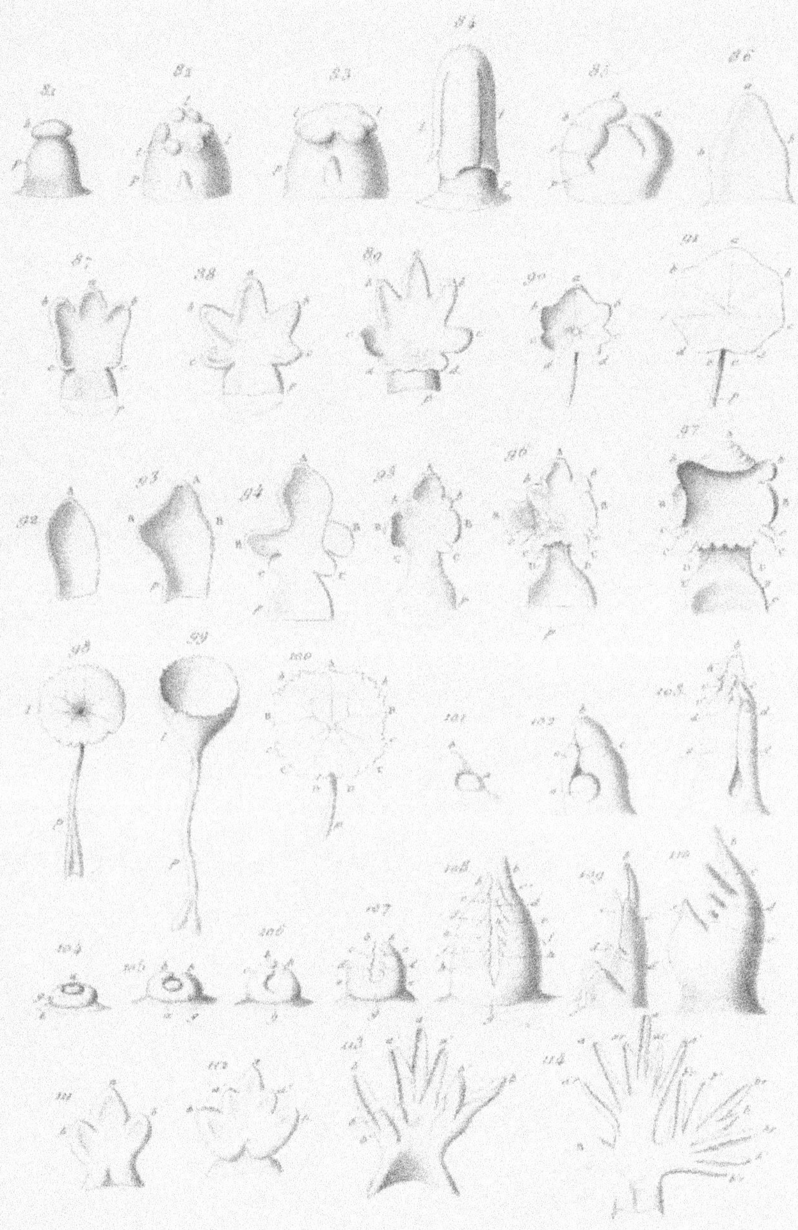

Formation des feuilles.

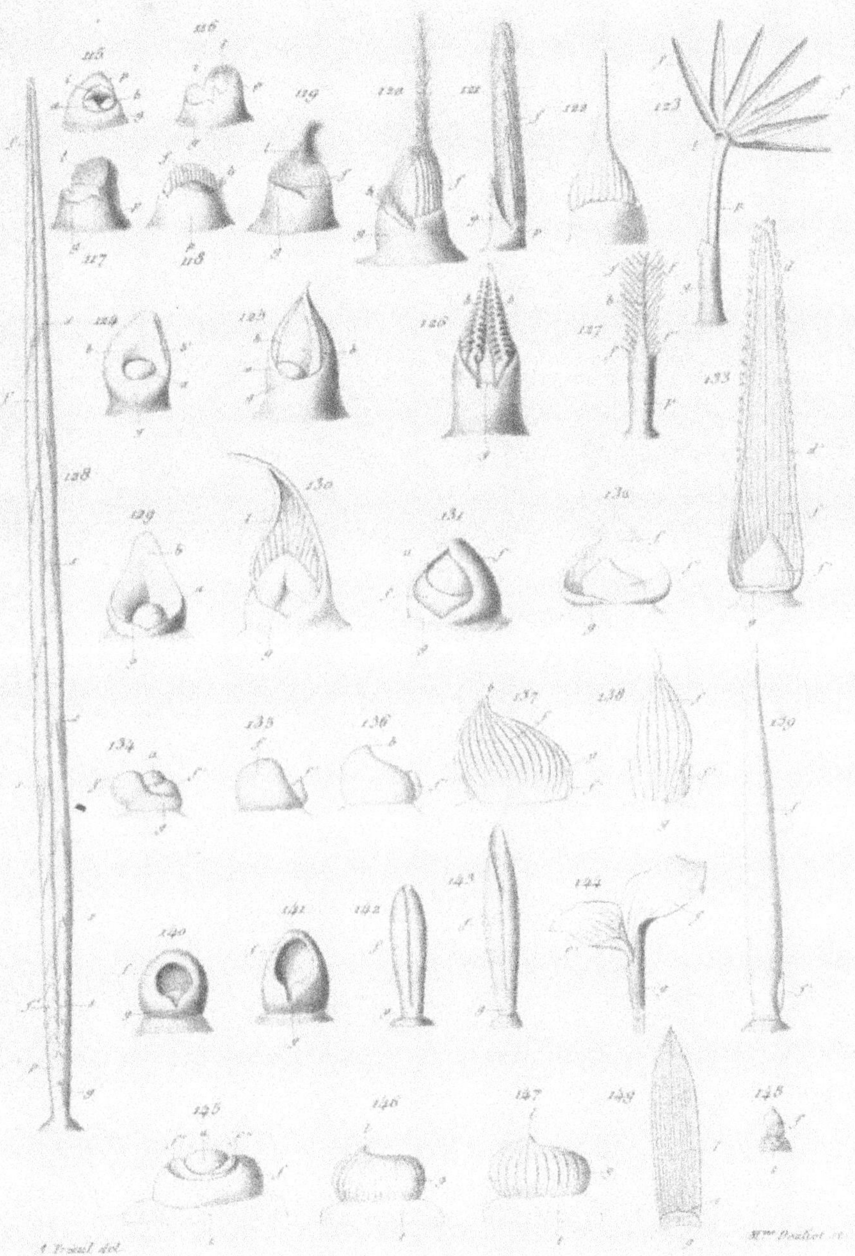

A. Faizeul del.

M.ᵐᵉ Doublet sc.

Formation des Feuilles.

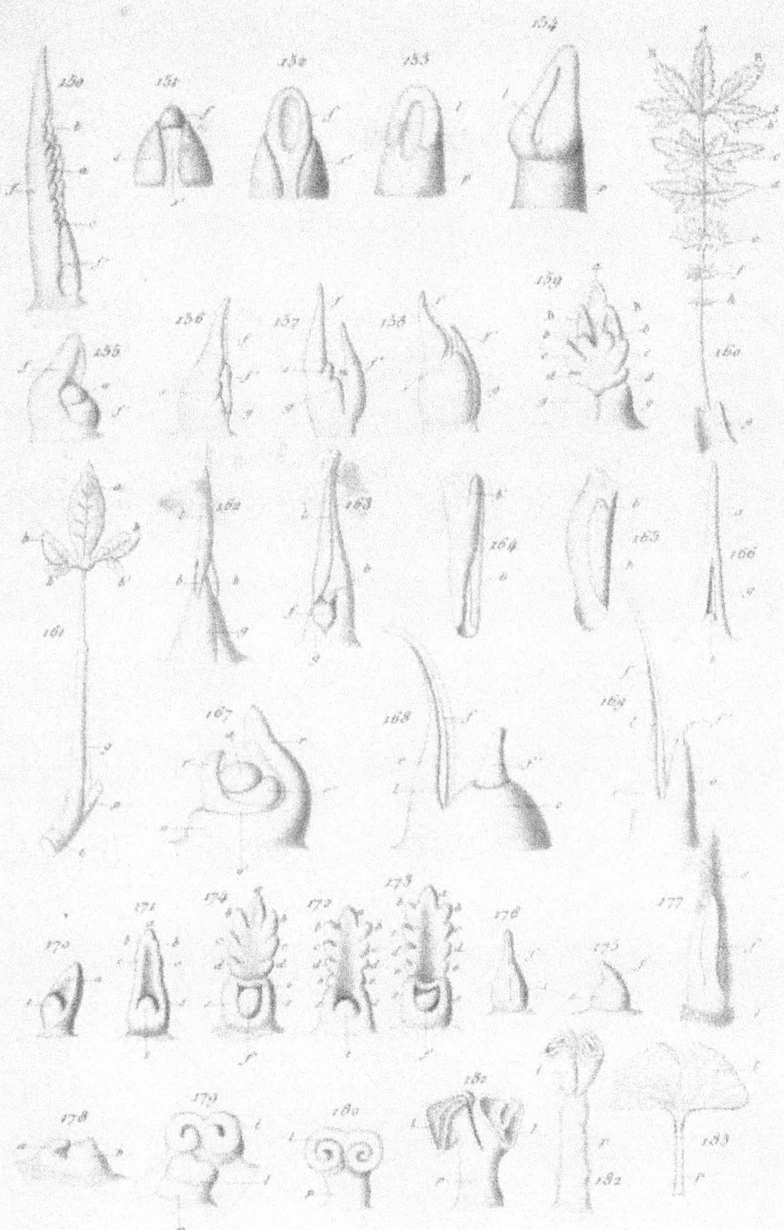

Formation des Feuilles.